巷道围岩弱结构
吸能防冲机理及应用研究

贺永亮　著

中国矿业大学出版社
·徐州·

内 容 提 要

本书以义马常村煤矿 21170 运输巷为工程背景,针对巷道开采深度大、采动应力高、顶板动载扰动强、煤层具有冲击倾向性等特点,采用理论分析、实验室试验、数值模拟和现场试验等方法,围绕巷道围岩稳定性控制问题,研究了冲击地压巷道围岩弱结构吸能防冲机理,建立了弱结构吸能效应与关键尺度参数的对应关系,揭示了弱结构吸能防冲与巷道支护结构抗冲协同作用机制。

本书可供相关领域的科研人员和生产管理人员阅读参考。

图书在版编目(C I P)数据

巷道围岩弱结构吸能防冲机理及应用研究/贺永亮著.—徐州:中国矿业大学出版社,2023.8

ISBN 978 - 7 - 5646 - 5919 - 6

Ⅰ.①巷… Ⅱ.①贺… Ⅲ.①巷道围岩—防冲—研究 Ⅳ.①TD263

中国国家版本馆 CIP 数据核字(2023)第 149320 号

书　　名	巷道围岩弱结构吸能防冲机理及应用研究
著　　者	贺永亮
责任编辑	何晓明　耿东锋
出版发行	中国矿业大学出版社有限责任公司
	(江苏省徐州市解放南路　邮编 221008)
营销热线	(0516)83885370　83884103
出版服务	(0516)83995789　83884920
网　　址	http://www.cumtp.com　E-mail:cumtpvip@cumtp.com
印　　刷	苏州市古得堡数码印刷有限公司
开　　本	787 mm×1092 mm　1/16　印张 17.25　字数 338 千字
版次印次	2023 年 8 月第 1 版　2023 年 8 月第 1 次印刷
定　　价	68.00 元

(图书出现印装质量问题,本社负责调换)

前　言

　　冲击地压是高应力条件下弹性能突然释放造成煤岩体破坏失稳的一种动力灾害，约 90% 发生在巷道，巷道冲击破坏的根本原因是动静载叠加强度大于巷道支护承载强度，因此提高巷道支护强度、设置巷道围岩弱结构消波吸能，有利于构建冲击地压巷道围岩弱结构防冲-支护结构抗冲的稳定结构。本书以义马常村煤矿21170 运输巷为工程背景，针对巷道开采深度大、采动应力高、顶板动载扰动强、煤层具有冲击倾向性等特点，采用理论分析、实验室试验、数值模拟和现场试验等方法，围绕巷道围岩稳定性控制问题，研究了冲击地压巷道围岩弱结构吸能防冲机理，建立了弱结构吸能效应与关键尺度参数的对应关系，揭示了弱结构吸能防冲与巷道支护结构抗冲协同作用机制。

　　① 采用 SHPB 试验系统分析了冲击压力（MPa）分别为 0.25、0.30、0.35、0.40 和 0.45，冲击次数（次）分别为 1、2、3 时煤岩样的动态力学性质：随着冲击次数的增加，峰值应力减小，弱化程度增加。得到了动载作用下煤样和岩样峰值应力弱化系数分别为 28.5%～73.2% 和 12%～55.8%，与冲击次数呈线性弱化关系。

　　② 分析了动载作用下煤岩样能量耗散规律及损伤特征，计算了煤样和岩样单位体积吸能分别为 0.46～0.81 J/cm^3 和 0.37～0.60 J/cm^3，与冲击次数呈正相关的能量耗散规律。阐明了煤岩样无围压动载作用下不存在界面摩擦"1"型破坏模式和围压动载作用下存

在端部效应"Y"型破坏模式。利用冲击动载相似物理试验模型架分析了有、无弱结构两种情况下巷道围岩破坏演化过程：巷道破坏过程为顶板出现微小裂纹，随后巷道底板破坏程度增加，最后巷道顶板出现较大裂隙及离层，距离震源越近，巷道破坏越明显。

③ 研究了不同冲击能量作用下巷道表面位移、应力分布规律和声发射特征，得到了设置巷道围岩弱结构可降低巷道表面位移变形量、应力大小、声发射幅值和振铃数的结论。阐明了弱结构吸能组成为块体松散吸能、煤岩体旋转吸能、空间散射吸能和破碎围岩反射吸能，巷道围岩弱结构能有效吸收冲击能量，保护巷道不受冲击破坏。

④ 基于一维弹性波理论、运动方程和能量守恒方程构建了弱结构吸能防冲力学模型，分析了应力波在弱结构中产生反射、透射和散射后速度减小的规律，得到了弱结构吸能主要与初始速度、应力和弱结构颗粒直径有关。揭示了巷道围岩弱结构颗粒大小是影响弱结构吸能的主要影响因素，利用 PFC 颗粒流软件验证了弱结构区域内颗粒大小对冲击波传播速度的影响，颗粒越小，速度越小，能量吸收越大。

⑤ 采用 FLAC 3D 数值模拟软件研究了不同冲击位置（顶板冲击、帮部冲击和顶帮冲击）不同冲击能量（10^4 J、10^5 J、10^6 J 和 10^7 J）巷道破坏特征，巷道两帮设置弱结构后顶板垂直应力和帮部水平应力下降率分别为 $9.3\%\sim23.5\%$ 和 $7.6\%\sim21.4\%$。巷道围岩弱结构吸能效应 κ 与其自身尺寸 x 呈对数函数关系，与其破裂度 φ 呈幂函数关系。计算了不同尺寸及破裂度弱结构的应力下降率，得到了巷道围岩弱结构尺寸为 $10\sim15$ m、破裂度为煤体强度的 $30\%\sim40\%$ 时，应力下降率为 30%，吸能效果良好。

⑥ 分析了巷道支护结构加固煤岩体与弱结构破碎弱化围岩的互逆关系，研究了巷道围岩弱结构反复钻孔致裂构建技术机理，分

析了反复钻孔致裂弱结构吸能破碎区的影响因素,模拟了内置钢管支撑护壁技术对巷道围岩强度和支护结构完整性的控制作用。建立了"支中有卸、弱中有强"的巷道围岩弱结构吸能防冲与支护结构抗冲作用机制,揭示了巷道围岩弱结构吸能防冲与支护结构抗冲协同作用。

本书研究得到了太原科技大学科研启动基金项目(20222112)、山西省基础研究计划(自由探索类)青年科学研究项目(202203021222184,20231065)、来晋工作优秀博士奖励资金项目(20232039)的资助。

在此,对长期关心和支持本书研究的专家、学者和工程技术人员表示由衷的感谢,对中国矿业大学高明仕教授的大力支持和无私帮助致以最诚挚的谢意。

由于水平所限,书中难免存在不当之处,恳请同行专家和读者批评指正。

著　者

2023 年 3 月

目　　录

第1章 绪 论

1.1 研究背景及意义

煤矿冲击地压是构造应力和采动应力作用下围岩破坏失稳的一种动力现象,煤岩体从巷道或工作面突然破裂、喷出,瞬间释放大量能量,同时伴随着巨大声音,造成巷道破坏、设备损坏,可能引起瓦斯突出、煤粉爆炸等次生灾害,甚至人员伤亡[1-2]。我国部分矿井开采深度已达深部开采范畴[3-5],煤矿进入深部开采给巷道支护、顶板维护和冲击地压防治带来严峻挑战。随着煤矿开采条件变化,煤矿开采深度逐年增加,我国冲击地压矿井数量不断增加,如图 1-1 所示[6-7]。

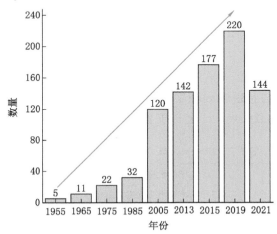

图 1-1 冲击地压矿井数量

随着我国煤炭供给侧改革不断推进和煤矿机械化、智能化程度提高,煤矿监管力度加大,部分煤矿退出、淘汰[8],冲击地压矿井数量由 2005 年的 120 个增加到 2021 年的 144 个,其中 2019 年有 220 个冲击地压矿井,达到历史新高。我国冲击地压矿井数量分布如图 1-2 所示,山东、山西、陕西、黑龙江等重点产煤省区冲击地压矿井数量较多。截至目前,冲击地压事故成为煤矿安全生产最严重灾害之一。

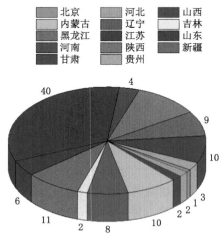

图 1-2　冲击地压矿井分布

2015 年以来,彬长孟村、胡家河、山东新巨龙等矿井均发生过不同程度冲击地压事故,造成大量巷道破坏和人员伤亡。2015—2021 年,我国部分冲击地压事故见表 1-1。据统计,约 90% 的冲击地压事故发生在巷道[9],给煤矿正常生产尤其是冲击地压巷道维护带来巨大的挑战。巷道冲击破坏的主要原因为冲击动载能量与巷道围岩积聚静载能量叠加超过巷道围岩破坏的最小能量,本质为冲击动载强度大于巷道支护强度。

表 1-1　2015—2021 年我国部分冲击地压事故

时间	煤矿名称	冲击情况
2015 年 5 月 26 日	辽宁阜矿集团艾友煤矿	造成 4 人死亡
2015 年 12 月 22 日	河南大有能源股份有限公司耿村煤矿	破坏巷道 160 m,造成 2 人死亡
2016 年 8 月 15 日	肥矿集团梁宝寺能源有限责任公司	造成 2 人死亡
2017 年 1 月 17 日	中煤集团担水沟煤业有限公司	造成 10 人死亡

表 1-1(续)

时间	煤矿名称	冲击情况
2017 年 11 月 11 日	辽宁沈阳焦煤股份有限公司红阳三矿	破坏巷道 220 m,造成 10 人死亡
2018 年 10 月 20 日	龙矿集团龙郓煤业有限公司	破坏巷道 100 m,造成 21 人死亡
2019 年 6 月 9 日	吉林省龙家堡矿业有限责任公司	造成 9 人死亡
2019 年 8 月 2 日	开滦有限责任公司唐山矿业分公司	造成 7 人死亡
2020 年 2 月 22 日	山东新巨龙能源有限责任公司	造成 4 人死亡
2021 年 10 月 11 日	陕西胡家河矿业有限责任公司	造成 4 人死亡

　　国内外科研人员将冲击地压作为最重要的研究课题之一,国家能源局、煤矿监察监管部门等也相继出台了《防治煤矿冲击地压细则》《冲击地压测定、监测与防治方法》等一系列规程和标准,为冲击地压现场防治提供指导。冲击地压发生机理十分复杂,冲击地压监测预警系统存在滞后性和定位分析局限性,不能准确预测预报冲击地压发生时间、发生位置和影响范围。由于冲击地压类型多样、影响因素多变、震源位置不确定等原因,冲击地压防治措施需要进一步完善。

　　根据现场监测及冲击地压事故分析,冲击地压能量为 $10^5 \sim 10^7$ J 对巷道造成巨大破坏,巷道现有锚网支护体系可以抵抗冲击地压能量小于 10^4 J。巷道围岩采用钻孔卸压、爆破卸压和水力压裂等方法弱化煤岩体,可以有效减弱动载强度对巷道的影响。巷道冲击地压防治主要采用卸压和加强支护的方法,但巷道地质条件复杂,现场生产过程采取卸压方式不正确、卸压力度不适当、卸压位置不准确,导致巷道卸压后稳定性下降、变形速度加快、支护系统失效等一系列问题。

　　巷道围岩弱结构[10-11]是在巷道内部构建的一个转移高应力、吸收冲击动载的弱化区域,用于维护巷道稳定。弱结构的主要特征包括:① 吸能特征,冲击波传递到弱结构区域发生反射与透射现象,部分冲击波反射到外强大结构区,进入弱结构区域的冲击波经过散射与吸收,冲击能量减小,弱结构具有良好的吸能作用;② 强度特征,弱结构为致裂、破碎而成的松散区域,强度较低;③ 变形特征,弱结构本身强度低,受动载作用会产生较大变形,从而起到吸收、反射和透射冲击波的作用。因此,在巷道支护结构外设置强度低、吸能好、裂隙多、厚度大的松散破裂弱结构区域,可以有效减弱冲击动载对巷道的破坏从而维护巷道稳定。

　　本书以义马常村煤矿 21170 运输巷为工程背景,针对巷道开采深度大、采动应力高、煤层具有冲击倾向性等特点,采用理论分析、实验室试验、数值模拟和现场试验等方法,围绕冲击地压巷道围岩稳定性控制问题,研究巷道围岩弱结构吸能防冲机理,确定巷道围岩弱结构吸能防冲关键尺度参数,揭示弱结构吸能防冲与巷道支护结构协同作用机制,研究成果进一步解释了巷道围岩弱结构吸能防冲与支护结构内在作用和相互依存关系,为冲击地压巷道支护和防冲提供理论依据。

1.2　国内外研究现状

冲击地压是巷道掘进和工作面开采过程中动静载强度超过了煤岩体的承受极限,大量煤岩体极短时间内向巷道或工作面涌出,释放大量弹性能的现象,给巷道或工作面带来突然、猛烈和巨大破坏[12-13]。国内外学者从冲击地压机理、预测预警及防治方法、冲击地压巷道支护与稳定、巷道围岩弱结构吸能防冲、煤岩能量耗散过程及机理等方面进行了大量的研究,取得了丰富的研究成果。

1.2.1　冲击地压机理、预测预警及防治技术研究现状

（1）冲击地压机理研究现状

科研人员和现场工程技术人员不断总结冲击地压防控经验[14-15],对冲击地压理论和机理有了深刻的认识,形成了冲击地压成套理论指导现场工程实践,主要有:① 根据煤岩体自身性质分析冲击地压机理,强度理论[16-18]提出了煤体或岩体破坏原因是煤体或岩体强度达到或超过临界强度,Cook(库克)等根据煤岩体的极限强度及破坏方式不同提出了刚度理论[19-21],窦林名等[22]将能量理论进行了定量化,冲击倾向性理论[23-24]认为冲击地压发生是煤体或岩体固有属性,李玉生[25]提出了"三准则"理论,章梦涛等[26-27]应用变形失稳理论对冲击地压能量模型和准则进行研究,王来贵等[28]利用振动和错动理论分析了断层不连续面失稳形式;② 根据巷道或工作面所处地质构造分析冲击地压发生机理,齐庆新等[29-30]提出"三因素"理论,姜福兴等[31]利用微震监测将冲击区域分为增压区域和减压区域,陈国祥等[32]利用数值模拟讨论了褶皱对掘进和工作面的影响,张宁博等[33]分析了逆冲断层附近应力场和位移场变化规律,林远东等[34-35]理论分析了采动作用对断层活化稳定性的影响,顾士坦等[36]利用理论研究和数值模拟解释了工作面受背斜影响的力学模型和应力分布特点,王书文等[37]研究了掘进速度对构造应力及围岩弹性空间区域的影响,李振雷等[38]研究了断层附近煤柱发生冲击地压作用机制,蔡武等[39]提出

了动静载叠加作用下断层活化力学模型；③ 从采动影响因素方面分析冲击地压作用机理，潘一山[40]提出了扰动响应失稳理论，从冲击地压失稳机理、发生条件对巷道破坏过程进行研究，得出了控制量决定扰动量和响应量的临界值标，姜耀东等[41-43]在震动波诱发巷道动力失稳理论基础上分析了爆破对巷道围岩稳定性的影响，通过数值模拟分析了有无支护条件下爆破对巷道围岩支护效果的影响。窦林名等[44-45]提出了强度弱化减冲理论，卢爱红等[46]发现能量集聚程度和集聚位置是冲击地压发生的主要影响因素；④ 从发生过程及孕育条件方面研究冲击地压机理，赵阳升等[47]提出了最小能量破坏原理，姜福兴等[48]提出了冲击地压"震-冲"机理，潘立友等[49]提出了扩容理论，潘俊锋等[50-51]提出了冲击地压启动理论，赵毅鑫等[52]在热力学和耗散能基础上建立了冲击地压失稳判断方法，闫永敢等[53]认为冲击地压形成是震源、冲击波和应力波相互作用的动力学过程，李海涛等[54]提出冲击地压发生与震源和能量有效积聚有关；⑤ 从数学和力学角度分析冲击地压机理，Xie 等[55-56]将几何分形和损伤力学引入冲击地压理论研究，唐春安等[57-59]将灾变理论引入岩石力学形成岩石突变模型，黄庆享等[60]提出了损伤断裂力学理论，黄滚等[61]提出了黏滑失稳双滑块模型分析冲击地压非线性特征；⑥ 从能量等其他角度研究冲击地压机理，Milev 等[62]使用微震活动潜在性来改进矿井布局设计，潘一山等[63-65]引入超低摩擦效应得出冲击地压发生临界深度，何满潮等[66-67]根据岩体应力和能量建立了冲击地压判别方法，窦林名等[68-71]理论分析了动静载叠加诱发冲击地压机理，夏永学等[72]基于能量理论提出了动静载作用下冲击地压防治方法，朱万成等[73-74]、秦昊等[75]用数值模拟对冲击地压诱发机理进行研究。

冲击地压理论研究已有百余年历史，科研人员和工程技术人员从不同角度、不同方向为冲击地压机理和理论研究做出了巨大贡献。随着冲击地压认识的进一步深入，冲击地压理论逐渐得到了完善和丰富，不同理论之间相互关联，对冲击地压的研究和防治具有重要意义。

（2）冲击地压预测预警技术研究现状

预测预警技术发展对冲击地压防治具有重要意义，根据预测范围不同可分为矿井预测、区域预测和局部预测，根据预警时间不同可分为早期预警和即时预警。冲击地压预测预警方法和技术装备对冲击地压防治起到了良好效果，主要研究成果有：① 微震监测，微震监测在我国矿井应用较多，主要有 SOS、KJ551、KJ768 和 ARAMIS M/S 系统[76-79]监测冲击地压事件。② 地音监测，谭云亮等[80]结合地音监测系统提出了冲击地压预测信息新指标，研发了地音监测与卸压技术平台；夏永学等[81]提出了地音监测联合预测模型及方法;朱斯陶等[82]提出了"地音大事件"概念并应用于复合煤层巷道。③ CT 监测,窦林名等[83]采用纵波波速理论建立了冲击地压 CT 监测技术;曹安业等[84]利用 CT 监测技术对断层孤岛工作面进行了预警。④ 电磁辐射监测,王恩元等[85-86]提出了电磁辐射监测及预警方法,现场应用准确率较高;李忠辉等[87]通过电磁辐射仪对掘进工作面不同地质条件下应力状态进行了分析。⑤ 电荷感应法,潘一山等[88]提出了电荷感应监测技术预测煤岩体破坏信息,并研制了相关监测仪器设备。⑥ 综合监测预警,潘俊锋等[89]根据冲击地压发生条件提出了集分析、计算、预警功能为一体的分源权重综合监测预警平台;杨光宇等[90]对掘进工作面分区研究提出了"四位一体"监测预警方法;窦林名等[91]基于动静载叠加等理论建立了多参量综合监测预警体系;袁亮[92]基于智能化及互联网发展综合多学科多研究方向建立了预警监控新方法。

经过国内诸多学者的共同努力,初步建立了区域与局部相结合的冲击地压预测、预警技术体系,实现了冲击危险分区分级预测及冲击地压矿井由点到面信息化防治技术融合。

（3）冲击地压防治技术研究现状

区域性防治方法主要有开采区域合理性设计及开采方式合理选择、保护层合理开采、坚硬厚顶板提前处理[93]、煤层注水[94-95]等。成云海等[96]对强冲击倾向性煤柱开采解放层后卸压效果进行分析,确定了解放层卸压范围,实现了煤体安全开采。朱月明等[97]采用实验室物理模型研究了解放层开采对急倾斜煤层卸压效果的影响。王洛锋等[98]研究发现上解放层开采比下解放层开采卸压效果更明显。唐治等[99]利用数值模拟对深部强冲击厚煤层开采解放层卸压效果进行分析,确定了解放层卸压范围及卸压效果。吴向前等[100]研究了上解放层开采对下解放层卸压效果的影响,发现解放层开采后卸压效果较好。局部解危措施有钻孔卸压[101-102]、爆破卸压[103]、水力压裂[104-105]等。刘红岗等[106]研究了卸压孔与锚网联合支护技术,卸压孔可以有效降低高应力区域应力集中。曹安业等[107]利用理论推导和数值模拟分析了卸压槽和卸压钻孔对冲击地压防治效果的影响,巷道底板使用卸压槽和卸压钻孔效果显著。马振乾等[108]研究了卸压孔对围岩碎胀变形的影响,留有一定变形空间可以有效维护巷道稳定。王猛等[109-110]利用 FLAC 3D 二次开发及室内试验分析了深部巷道钻孔不同卸压程度对巷道支护体系的影响。丛森等[111]研究了爆破消除煤柱应力的定性关系。刘少虹等[112-113]调整优化了卸-支耦合下爆破参数,现场应用效果良好。刘志刚等[114]利用正交试验研究表明煤岩体物理力学性质对冲击起到主要作用。Alneasan 等[115-116]提出了基于位移不连续公式边界元法来研究水力裂缝扩展和再定向问题。赵子江等[117]通过真三轴水力压裂试验分析了煤岩体一次压裂和循环压裂应力变化,揭示了多次循环逐渐升压压裂规律。鲍先凯等[118]分析了不同压力条件下水力压裂试验裂隙发展规律和应力分布。朱斯陶等[119]研究了巨厚煤层钻孔卸压失效问题,提出了掘进工作面卸压区"挠曲-冲击"模型。

科研人员和工程技术人员从不同角度为冲击地压机理、预测预警及防治技术做出了巨大贡献,随着冲击地压认识的进一步深入,冲击地压理论、预测预警及防治技术逐渐得到丰富和完善。

1.2.2 冲击地压巷道稳定性研究现状

众多学者对冲击地压巷道支护技术和支护材料进行了大量研究,极大提高了冲击地压巷道稳定性,降低了冲击地压巷道显现程度,主要研究成果如下。

(1)冲击地压巷道支护理论及技术发展

冲击地压巷道应力释放及围岩加固对巷道稳定具有重要作用,随着支护技术的发展,巷道支护方式得到极大改善,由木支护、砌碹支护、钢管混凝土支架、型钢支架支护、可缩性支架支护等被动支护到锚杆支护、锚网支护、锚杆(索)支护等主动支护。锚杆支护理论主要有:悬吊理论[120],组合梁理论[121],加固拱理论[122-123],围岩松动圈支护理论[124],强度强化理论[125-127],主次承载区理论[128],弹塑性计算理论[129-131],新奥法[132],联合支护理论[133-136],高预应力、强力锚杆一次支护理论[137-139]等。高明仕[140]提出了强弱强结构模型及理论,将巷道周围煤岩体分为内强小结构、中间弱结构和外强大结构,强弱强模型中不同结构对控制冲击地压巷道稳定具有重要作用。康红普等[141-142]根据围岩变形机理、冲击地压巷道破坏以及巷道地质力学特点,提出了煤岩体是冲击地压巷道承受的主体,锚杆支护可以保持巷道围岩完整性,采用具有抵抗冲击、高韧性锚杆锚索等吸能支护材料可以保持冲击地压巷道稳定。鞠文君等[143-144]在加固拱理论基础上提出了等效断面支护原理,定量分析了巷道支护参数,根据冲击地压巷道破坏原因、特征和规律,得到了"深-浅-表"位置的不同控制技术。潘一山等[145-146]提出了三级支护理论与技术,通过理论和试验研究了防冲吸能支护强度,计算和量化了三级吸能防护材料。吴拥政等[147]对深部强冲击巷道卸压支护技术进行研究,探究了深部强冲击巷道防控原理及稳定性技术。谭云亮等[148]从卸压-锚固方面对深部冲击巷道进行了研究,分析了不同能量下巷道破坏特征及协同控制原理。吕可等[149]利用数值模拟对巷道周边松动圈进行放大研究发现加大锚杆长度、减小锚索长度效果显著。姚精明等[150]提出了冲击地压巷道桁架锚索-锚杆联合支护技术,现场应用表明该技术可以有效控制冲击地压巷道变形。

（2）冲击地压巷道支护材料的发展

Durabar 锚杆、Garford 锚杆、Yield-Lok 锚杆、D 型锚杆等锚杆材料的发展为冲击地压巷道支护提供了良好条件。林健等[151]分析了冲击地压巷道高强度、高冲击韧性锚杆力学性能及支护方法,现场应用表明该锚杆能够有效控制深部冲击地压巷道变形与破坏。何满潮等[152]通过实验室和现场试验研究发现负泊松比锚杆（索）在动载作用下支护阻力恒定可以产生滑移变形吸收冲击地压能量,提高了锚杆（索）抗冲击性能。潘一山等[153-156]研制了巷道防冲液压支架、强螺纹钢锚杆、自移式吸能防冲巷道超前支架,形成了冲击地压巷道"围岩-吸能支护"系统。徐连满等[157-158]研究了 O 型棚的动态响应和抗冲击计算方法,建立了 O 型棚动态力学方程,得到了 O 型棚与围岩力学关系。付玉凯等[159]通过室内试验和理论分析研究了锚杆（索）防冲吸能效果,与普通支护材料相比,高强度和高吸能锚杆（索）现场应用效果较好。高永新等[160]研制了矿用缓冲吸能装置,通过试验研究了该装置刚-柔耦合支护效果并进行了优化。卢熹等[161]研究了冲击地压巷道锚网支护参数,通过设置让压装置可以达到吸能效果,现场应用消除了锚索断裂和锚杆退锚现象。

锚杆（索）支护是我国煤矿巷道的主要支护方式,锚杆（索）的自身稳定和吸能效果实现了巷道围岩主动支护和应力改善,充分实现了巷道自身煤岩体的支护作用,可以用于抵抗能级较小的冲击地压。随着支护材料的发展、支护方式的改变及不同类型锚杆（索）的研制,冲击地压巷道支护效果将得到极大改善,为冲击地压巷道快速吸能和稳定起到重要作用。

1.2.3 地下工程弱结构防冲抗震研究现状

地下工程弱结构防冲抗震主要有两种方法:① 在巷道围岩施工钻孔、爆破、注水软化、水力压裂等弱化煤岩体强度减弱冲击地压显现;② 设置多孔材料、松散颗粒、软弱夹层等吸能结构维护地下工程稳定。其主要研究进展如下。

（1）弱化煤岩体强度防冲

陈荣华等[162]采用 RFPA 2D 软件对浅埋煤层进行研究,得到注水可以有效控制冲击地压的发生。章梦涛等[163]研究水对煤岩体物理力学性质衰减的影响,制定了煤层注水防治冲击地压的工艺参数。吴耀焜等[164]通过实验室试验和现场实践对比得出了煤层注水对冲击地压能量释放的影响机理。单鹏飞等[165]提出了"计算能量"和"监测能量"双指标协同机制。Wang 等[166]发现天然裂缝对煤层水力压裂作用下裂隙的起裂和扩展有显著诱导作用。Cheng 等[167]提出了前脉冲式水力压裂和恒泵速水力压裂相结合的硬煤弱化方法。吴拥政等[168]研究了定向水力压裂在沿空留巷中的卸压机理及应用效果。Guo 等[169]对含煤复合顶板聚能爆破方法及参数进行了深入研究,发现孔内空气柱可以降低爆压峰值、增强预裂效果。Zhang 等[170]分析了液态二氧化碳爆破中裂纹的扩展规律以及压力、释放孔数量和半径对岩石破裂的影响。祁和刚等[171]提出了"一高一低"爆破释放煤柱内集聚载荷的围岩卸压技术。

（2）设置吸能结构抗震

吕祥锋等[172-173]提出多孔金属材料和抗爆缓冲材料具有吸能减震效果,分析了冲击地压巷道应用多孔金属材料的防冲效果。李新旺等[174]研究了不同软弱夹层应力场环境对巷道的影响,巷道软弱夹层起到吸能和释放应力的作用。王凯兴等[175]研究了上覆岩层破坏程度对动载的吸收作用,覆岩破坏深度越大,冲击衰减程度越大。宋万鹏等[176]对泡沫混凝土吸能特性进行研究,泡沫混凝土用于隧道吸能隔震层对高烈度隧道具有一定的保护作用。李鹏宇等[177]研究了强震区域隧道局部注浆抗震效果。Sun 等[178]对圆形隧道地震波传播进行了静力分析,讨论了杨氏模量和压力系数的关系。Seyyed 等[179]对无边界多孔弹性饱和流体地层中壁厚变化的透水圆形隧道衬砌与单色平面纵波和横波二维动力相互作用进行了分析。倪茜等[180]通过有限元软件ANSYS 对土体、减震层和地铁站的相互作用进行计算,分析了不同减震材料和减震层厚度对地铁站减震效果的影响。朱正国等[181]根据断层处隧道地质结构研究了注浆加固、减震层和开挖方法对隧道的影响,得到了断层处隧道抗震有效措施为全环间隔注浆加固方式的结论。王利军等[182]基于经验公式和数值模型探讨了减震沟对隧道减震吸能效果的影响。王芳其[183]得出了减震层厚度与减震效果之间的关系。胡志平等[184]分析了颗粒-土作为减震层对隧道结构的减震作用,并用有限元软件模拟了不同颗粒比的减震作用效果,得出了减震层最佳厚度。刘颖芳等[185]采用有限元软件模拟了爆炸时坑道口破坏效应,应用泡沫材料对坑道口处理后可以达到良好的吸能防冲效果。

国内外研究人员对煤岩强度弱化技术及吸能防冲结构或材料进行了大量研究,其研究成果为冲击地压巷道吸能防冲提供了理论基础。由于存在冲击地压巷道服务周期短、支护成本低等限制条件,所以吸能材料或结构不能完全用于冲击地压巷道支护或防冲。

1.2.4 煤岩能量耗散研究现状

工作面开采和巷道掘进过程中广泛存在煤岩体的动态破坏并伴随着能量

变化,煤岩体的能量变化存在不确定性和离散性,耗散规律十分复杂,国内外学者对煤岩体能量耗散规律进行了大量研究,主要研究成果如下。

谢和平等[186-187]通过理论和试验揭示了岩石动态破坏过程中能量释放的不可逆性。尤明庆等[188]通过伺服液压试验机得出砂岩破坏过程中实际吸收能量与围压呈线性关系。王爱文等[189]研究了预制钻孔煤样冲击倾向性及能量耗散规律。赵洪宝等[190]采用自制冲击加载试验装置研究了不同循环冲击过程中煤岩体破坏过程及能量耗散规律。张广辉等[191]研究了强冲击倾向性煤样在多级循环加载试验下的能量耗散特征。马德鹏等[192]研究了煤在三轴试验下能量耗散与传播规律。肖晓春等[193]研究了不同加载速率下煤体的破坏规律及能量吸收与耗散间的关系。龚爽等[194]分析了不同倾角煤样的动态断裂特征。张辉等[195]研究了自然和饱水状态下煤体的应力强度及能量耗散过程。马振乾等[196]对煤样进行单轴及三轴压缩试验研究了不同加载速率及围压下能量耗散规律。赵毅鑫等[197]通过巴西劈裂试验得出了动态条件下冲击速度、含水率等因素对煤体试件的耗能影响。刘江伟等[198]研究了单轴循环加载对煤体能量集聚耗散的影响过程。曹安业等[199]研究了井下采动影响对冲击震动波的影响规律。曹丽丽等[200]得出砂岩试样动态拉伸特征及破坏过程中能量耗散规律。余永强等[201]研究了单轴单次和循环加载作用下砂岩破坏及能量吸收特点。

国内外学者对岩石强度、变形规律等特征进行了大量研究等[202-203]。韩震宇等[204]通过单轴压缩试验得到了预制裂隙大理岩耗能参数降低的结论。杨仁树等[205]通过不同冲击速度的动态力学试验得到了复合岩体能量耗散具有应变率效应。唐礼忠等[206]利用改进 SHPB(霍普金森杆)装置研究了围压卸载中砂岩动力影响因素。贾帅龙等[207]在单次和重复冲击作用下得到了花岗岩应变率曲线由"单峰"逐渐向"双峰"过渡。鲁义强等[208]研究了多次冲击作用下大理岩动态破坏过程中能量耗散和破坏特征。王笑然等[209]研究了含雁行裂纹砂岩在不同加载速率下裂隙破坏特征和能量变化规律。李地元等[210]分析了岩石动态特征及岩石端部裂纹发展的影响因素。王平等[211]研究了砂岩在单轴、三轴加载及三轴加卸载过程中岩体损伤弱化机理。衡帅等[212]分析了单轴和三轴页岩消耗能量越少残余能量越大脆性越强的脆性特征及规律。何明明等[213]进行分级循环加载试验得到了耗散能与应力变化规律。平琦等[214]发现动载作用下砂岩能量吸收主要取决于砂岩试件损伤与变形破坏。金解放等[215]发现轴压和围压下砂岩能量吸收与冲击次数和冲击能量存在一定关系且成正比。许国安等[216]研究了不同加卸载作用下砂岩力学性质及耗能特性。

煤岩体破坏过程中应力-应变曲线具有复杂性、不确定性和离散性,煤岩体的破坏过程实际上是能量作用下的失稳过程,能够真实反映煤岩体动态破坏规律。国内外学者对煤岩体能量耗散规律进行了大量研究,但动载循环作用下煤岩体的力学性质和能量耗散特征研究较少。

1.2.5 存在的主要问题

国内外学者对冲击地压巷道支护与卸压进行了大量研究,在冲击地压巷道支护及卸压方面取得了一定成果,为冲击地压巷道稳定性控制奠定了坚实基础。然而,动载作用下煤岩能量耗散规律、巷道围岩弱结构吸能防冲效应、冲击地压巷道卸压与支护不协同等问题有待进一步研究。冲击地压巷道围岩稳定研究存在的问题主要有:

① 从不同角度对冲击地压机理进行了大量研究,尚未形成系统的冲击地压理论体系,冲击地压精准监测与超前预测还需进一步完善,动载作用下巷道围岩破坏的影响因素及巷道围岩瞬间破坏的内在机理需要进一步研究。

② 冲击地压巷道支护技术和支护材料取得很大发展,但现有支护技术和支护方法难以抵抗强冲击地压巷道破坏,冲击地压巷道破坏瞬间响应需要进一步研究,冲击地压巷道破坏过程及围岩弱结构吸能防冲细观机理需要进行深入研究。

③ 防冲支护等支护方式对减少冲击地压巷道破坏具有重要意义,巷道围岩弱结构吸能防冲力学特征及影响因素、冲击动力波在巷道围岩弱结构区域衰减作用机制未进行深入研究。

④ 巷道设置弱结构可以减弱冲击地压显现,维护巷道稳定,应进一步研究分析巷道围岩弱结构的表征参数,吸能效应与关键尺度参数之间的对应关系研究不够深入。

⑤ 巷道围岩支护要求煤岩完整,弱结构吸能防冲需将煤岩破碎,缺乏对冲击地压巷道围岩弱结构吸能防冲与支护结构抗冲协同作用的整体研究,忽略了巷道围岩弱结构与巷道支护结构两者的协同控制作用。

⑥ 对动静载作用下煤岩力学性质和能量耗散规律进行了大量研究,但循环动载作用下煤岩能量耗散特征和动态力学性质研究较少,动载作用下煤岩瞬时破坏过程和能量演化规律研究不够深入。

1.3 研究内容及方法

1.3.1 主要研究内容

本书从动载作用下煤岩样力学性质及能量耗散特征、巷道围岩弱结构吸能防冲特性、巷道围岩弱结构吸能与支护结构协同控制等方面进行研究,围绕冲击地压巷道弱结构吸能防冲与支护结构抗冲围岩稳定性控制问题,建立巷道围岩弱结构吸能与关键尺度参数的对应关系,揭示冲击地压巷道围岩弱结构吸能防冲机理。主要研究内容如下:

(1)动载作用下煤岩样力学性质及能量耗散特征研究

采用霍普金森杆试验系统,研究煤岩样动态力学性质及能量耗散特征,分析动载作用下煤岩样能量演化过程及耗散规律,建立煤岩样弱化效应和能量耗散模型,揭示煤岩体动态力学特性及能量耗散机理,为冲击地压巷道围岩弱结构吸能防冲及巷道支护结构稳定提供理论基础。

(2)巷道围岩冲击破坏机理及弱结构吸能防冲特性研究

利用冲击动载相似物理试验模型架,以义马常村煤矿21170运输巷为背景,确定相似比,测试相似材料性质,采用应力、位移和声发射监测系统,分析有无弱结构两种情况下巷道围岩破坏演化过程,揭示动载作用下巷道围岩破坏规律及弱结构吸能防冲特性。

(3)巷道围岩弱结构主要影响因素及吸能防冲机理研究

基于一维弹性波理论,分析巷道围岩弱结构区域应力波的传播衰减特性影响因素,研究巷道围岩弱结构区域应力波的传播规律,构建巷道围岩弱结构吸能防冲力学模型,推导巷道围岩弱结构吸能防冲力学解析式,得到巷道围岩弱结构吸能防冲主要影响因素,揭示巷道围岩弱结构吸能防冲机理。

(4)巷道围岩弱结构吸能防冲关键尺度参数模拟确定

采用 FLAC 3D 数值模拟软件动力模块模拟动载作用下巷道破坏过程及围岩弱结构吸能防冲效应,研究动载作用下巷道位移、应力分布规律,提出巷道围岩弱结构表征参数,建立巷道围岩弱结构吸能防冲与关键尺度参数的对应关系。

(5)围岩弱结构吸能防冲与巷道支护结构协同机制研究

分析巷道围岩弱结构防冲与支护结构抗冲互逆性,阐述巷道围岩弱结构吸能防冲与支护结构协同作用,研究反复钻孔致裂弱结构吸能防冲及内置钢管支撑护壁抗冲特性,提出反复钻孔致裂构建防冲弱结构技术机理,揭示围岩弱结构吸能防冲与巷道支护结构协同作用。

(6)以工程应用初步验证研究成果

基于巷道围岩弱结构吸能机理及弱结构关键尺度参数,现场应用反复钻孔致裂弱结构和内置钢管支撑护壁技术,采用应力、位移和微震监测等手段,验证巷道围岩弱结构吸能防冲效果,进一步说明巷道围岩弱结构吸能防冲与支护结构抗冲协同作用机制。

1.3.2　研究方法

本书主要采用实验室试验、理论分析、数值模拟和现场试验等综合方法开展研究：

（1）实验室试验

利用伺服液压试验系统测定煤岩冲击倾向性,利用无围压 SHPB 试验系统和围压 SHPB 试验系统对煤岩样进行不同冲击能量、不同冲击次数加载,研究煤岩样应力-应变曲线、峰值应力、应变率效应、动态弹性模量和强度弱化效应等力学性质,分析煤岩样单位体积吸能及吸能率等能量耗散特征,揭示动载作用下煤岩体破坏模式及机理。

以义马常村煤矿 21170 运输巷为研究对象,利用冲击动载相似物理试验模型架,分析不同冲击能量对围岩变形破坏的影响,研究有无弱结构两种情况下巷道围岩的破坏机理和吸能特性。

（2）理论分析

根据一维弹性波理论建立巷道围岩弱结构吸能力学模型,分析巷道围岩弱结构吸能的主要影响因素,研究巷道围岩弱结构对冲击震动波的衰减特性及煤岩体弱化程度对冲击震动波的吸能效应,揭示巷道围岩弱结构吸能防冲机理。

（3）数值模拟

利用 FLAC 3D 数值模拟软件模拟冲击动载作用下巷道位移、冲击破坏过程中的应力、塑性区的演化过程,设置巷道围岩弱结构对冲击震动波的衰减作用,建立巷道围岩弱结构吸能防冲与关键尺度参数间的对应关系。

（4）现场试验

以义马常村煤矿 21170 运输巷为现场,采用应力、位移和微震监测等手段,进一步说明巷道围岩弱结构吸能防冲与支护结构协同作用机制,验证巷道围岩弱结构吸能防冲效果及理论研究成果。

1.4　技术路线

在煤岩样动载力学性质和能量耗散试验基础上,分析动载作用下煤岩样弱化及能量耗散规律;在物理模拟试验基础上,揭示动载作用下巷道围岩破坏过程及巷道围岩弱结构吸能防冲机理;建立数值模拟分析围岩弱结构吸能效应与关键尺度参数间的对应关系,提出巷道围岩弱结构吸能防冲与支护结构协同机制;应用巷道围岩弱结构吸能防冲与支护结构协同控制技术,现场验证巷道围岩弱结构吸能防冲与支护结构协同作用。

技术路线如图1-3所示。

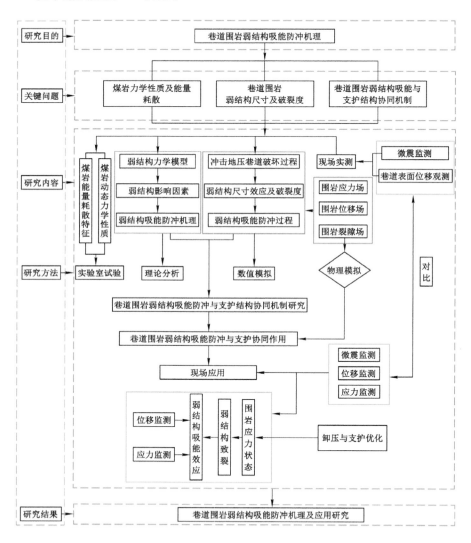

图 1-3　技术路线图

第 2 章　煤岩样冲击破坏能量耗散特征 SHPB 试验

煤岩力学性质尤其是动态力学性质对冲击地压巷道围岩弱结构吸能防冲与支护具有重要影响,大量试验分析了动静载作用下煤岩样裂隙扩展和能量特征,动载循环作用下冲击倾向性煤岩力学性质及能量耗散规律研究较少。本章通过冲击倾向性鉴定获得煤岩基本力学参数及冲击倾向性分类,利用 SHPB 循环加载试验分析煤岩样动态力学性质和能量耗散演化规律,建立煤岩样弱化效应和能量耗散模型,揭示动载作用下煤岩样力学特性及能量耗散机理,为冲击地压巷道围岩弱结构吸能防冲及支护结构稳定提供基础。

2.1　试验内容及目的

2.1.1　试件加工

试验所用煤岩样取自河南大有能源股份有限公司常村煤矿(义马常村煤矿)21170 工作面煤体及上覆岩层,为保证试验结果一致性,减小离散性,煤岩样在 21170 工作面同一位置采取,尽量采用无裂缝、采动影响较小、相对完整均匀的煤岩样。煤岩样在 21170 工作面采好后,用保鲜膜在井下包好并贴上标签。

按照冲击倾向性鉴定、单轴伺服液压试验及 SHPB 试验要求分别加工不同类型煤岩样。煤岩样加工后打磨平整,两端双面平整度小于 0.05 mm,上、下直径偏差小于 0.3 mm,满足试验加工精度要求。煤岩样使用机械切割可减少加工过程造成裂隙对试验影响。煤岩样加工设备如图 2-1 所示,加工的部分煤岩样如图 2-2 所示。

（a）自动取芯机　　　　（b）磨石机

图 2-1　煤岩样加工设备

（a）岩样　　　　　　　　　（b）煤样

图 2-2　部分煤岩样

2.1.2　试验内容

（1）煤岩冲击倾向性鉴定

煤岩冲击倾向性鉴定试验设备主要由 MTS 电液伺服试验机、声发射试验系统和高速摄像机组成，如图 2-3 所示。

图 2-3　MTS 电液伺服试验机

试验过程中布置声发射探头及高速摄像机记录煤岩样破坏过程。对义马常村煤矿煤样进行测定及参数计算，煤层和顶板冲击倾向性为弱冲击，见表 2-1 和表 2-2。

表 2-1　煤层冲击倾向性鉴定结果

类型	指数				鉴定结果	
	动态破坏时间 /ms	弹性能量指数	冲击能量指数	单轴抗压强度 /MPa	类别	名称
煤层	1 135	1.52	5.06	17.87	Ⅱ类	弱冲击

表 2-2　岩层冲击倾向性鉴定结果

岩性	岩层厚度 /m	抗拉强度 /MPa	弹性模量 /GPa	单位宽度上覆岩层载荷/MPa	弯曲能量指数/kJ	鉴定结果	
						类型	名称
砂岩	23.5	5.24	14.10	0.28	114	Ⅱ类	弱冲击

（2）无围压动载作用下煤岩样试验

无围压动载作用下煤岩样试验采用直径为 75 mm 的 SHPB 装置。图 2-4 所示为 SHPB 装置示意图，图 2-5 所示为 SHPB 装置实物图及测速器[217-218]，SHPB 装置组成主要有储能装置、测量装置、撞击杆、入射杆、透射杆和缓冲装置。入射杆和透射杆由 48CrMoA 制成，杨氏模量为 210 GPa，密度为 7 850 kg/m³，应力波速为 5 172 m/s。入射信号和反射信号用粘贴在入射杆上的应变片 G1 测量，透射信号用粘贴在透射杆上的应变片 G2 测量。

（3）围压动载作用下煤岩样试验

围压动载作用下煤岩样试验采用围压 SHPB 试验装置，如图 2-6 所示。

图 2-7 为围压 SHPB 装置实物图。围压 SHPB 装置可以对不同围压和轴压试样进行冲击动载试验[219]，满足煤岩样"静载＋动载"组合应力环境。围压SHPB 试验装置可同时加载轴压和围压的压力为 0～200 MPa，满足试验要求。

2.1.3　试验目的

通过冲击倾向性鉴定试验获得煤岩体基本力学参数及冲击倾向性分类，利用 SHPB 循环加载试验分析煤岩样动态力学性质和能量耗散规律，得到煤岩样动态力学性质和能量耗散特性，建立煤岩样弱化效应和能量耗散模型，揭示动载作用下煤岩样力学特性及能量耗散机理，为冲击地压巷道围岩弱结构吸能防冲及支护结构稳定提供理论基础。

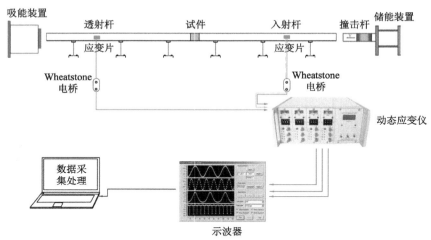

图 2-4　SHPB 装置示意图

图 2-5　SHPB 装置实物图及测速器

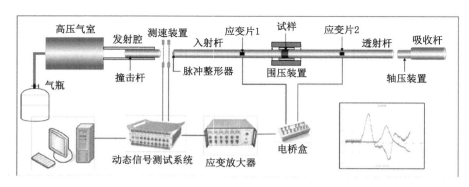

图 2-6　围压 SHPB 示意图

图 2-7　围压 SHPB 装置实物图

2.2　试验方案及过程

2.2.1　试验方案

（1）无围压动载作用下煤岩样试验

① 检查设备是否完好：试验开始前检查气瓶内 N_2 压力是否合格，入射杆、透射杆、撞击杆摩擦及运行情况，测速仪、动态应变仪、数据采集系统等是否正常。

② 煤岩样安装：设备检查完好调试运行无误后将煤岩样安装在 SHPB 入射杆与透射杆之间，煤岩样与杆接触面涂抹润滑剂凡士林以确保煤岩样与入射杆和透射杆间的摩擦不影响试验结果，试验过程中应保证撞击杆、入射杆、煤岩样、透射杆间没有间隙。

③ 无围压动载试验：煤岩样安装完成后设定冲击气压，气缸内冲入 N_2 达到预定压力值后释放将撞击杆弹出，依据煤岩试件在可以重复撞击下能够承受的最大撞击力，通过调节 N_2 改变冲击压力（MPa）分别为 0.25、0.30、0.35、0.40 和 0.45，每个冲击压力重复 3～4 次。

④ 数据采集：试验过程中撞击杆的冲击速度被测速仪记录，撞击杆撞击入射杆，入射信号被应变片传递到数据采集仪，经过煤岩样后透射信号经透射杆应变片再次被记录，保存数据以便分析试验结果。

（2）围压动载作用下煤岩样试验

① 检查设备是否完好,安装煤岩样。

② 围压动载试验:对试件施加围压,围压装置通过油压进行加压,方便简单便于调节压力。根据煤矿地应力测试,考虑试验过程中试验结果与现实条件,作为对照组围压动载作用下设置围压 10 MPa、轴压 12 MPa[220],设定冲击压力(MPa)分别为 0.25、0.30、0.35、0.40 和 0.45,每个冲击压力重复 3~4 次。

③ 记录数据,分析煤岩样力学性质。

2.2.2 SHPB 数据处理

图 2-8 和图 2-9 为波的传播和试件局部放大示意图[221-222]。试验过程中测速仪记录撞击杆速度,在气压作用下撞击杆冲击入射杆,冲击作用下入射杆电信号被应变片记录,应力波信号经过入射杆、试样传入透射杆,透射波电信号再次被应变片记录,煤岩样破坏情况可以用应力和应变表示[223]。

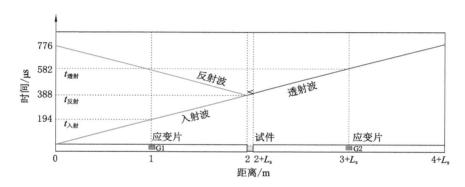

图 2-8 波传播图

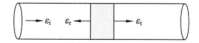

ε_i—入射波;ε_r—反射波;ε_t—透射波。

图 2-9 局部放大动态试验示意图

$$\dot{\varepsilon} = \frac{C_0}{L_s} \left[\varepsilon_i(t) - \varepsilon_r(t) - \varepsilon_t(t) \right] \tag{2-1}$$

$$\varepsilon = \frac{C_0}{L_s} \int_0^t \left[\varepsilon_i(t) - \varepsilon_r(t) - \varepsilon_t(t) \right] \mathrm{d}t \tag{2-2}$$

$$\sigma = \frac{A_0}{2A_s} E_0 \left[\varepsilon_i(t) + \varepsilon_r(t) + \varepsilon_t(t) \right] \qquad (2-3)$$

式中　$\dot{\varepsilon}$——应变率；

　　　ε——轴向应变；

　　　σ——轴向应力，MPa；

　　　$\varepsilon_i(t)$、$\varepsilon_r(t)$、$\varepsilon_t(t)$——SHPB 实测入射、反射和透射应变；

　　　A_0——钢筋横截面积，m^2；

　　　E_0——杆的弹性模量，GPa；

　　　C_0——应力波速度，m/s；

　　　L_s——试样长度，m；

　　　A_s——钢筋初始横截面积，m^2。

图 2-10 所示为典型动态 SHPB 脉冲波形状。

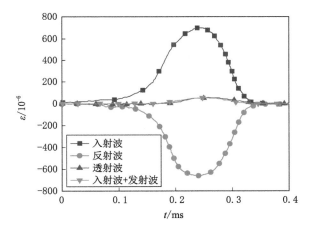

图 2-10　典型动态 SHPB 脉冲波形

假设煤岩样应力均匀，此时：

$$\varepsilon_i(t) + \varepsilon_r(t) = \varepsilon_t(t) \qquad (2-4)$$

上式可以简化为：

$$\dot{\varepsilon} = -\frac{2C_0}{L_s} \varepsilon_r(t) \qquad (2-5)$$

$$\varepsilon = -\frac{2C_0}{L_s} \int_0^t \varepsilon_r(t) \, dt \qquad (2-6)$$

$$\sigma = \frac{A_0}{A_s} E_0 \varepsilon_r(t) \tag{2-7}$$

冲击过程中煤岩样应力分布随着时间推移趋于均匀,变形早期阶段应力分布[224-225]主要由煤岩样两端引起并伴有较大振荡:

$$\sigma_1(t) = \frac{A_0}{A_s} E_0 [\varepsilon_i(t) + \varepsilon_r(t)] \tag{2-8}$$

$$\sigma_2(t) = \frac{A_0}{A_s} E_0 \varepsilon_t(t) \tag{2-9}$$

式中,$\sigma_1(t)$和$\sigma_2(t)$分别为试样左端和右端的应力,MPa。

假设煤岩样破坏前应力保持稳定的平衡状态,应力分布均匀,应力波传播与衰减忽略不计,则:

$$\sigma_1(t) = \sigma_2(t) \tag{2-10}$$

$\alpha(t)$表示煤岩样内部应力不均匀性,则:

$$\alpha(t) = \frac{2|\sigma_1(t) - \sigma_2(t)|}{\sigma_1(t) + \sigma_2(t)} \tag{2-11}$$

当$\alpha_{(t)} < 5\%$时,煤岩样应力近似均匀分布。

煤岩样入射能(W_I)、反射能(W_R)和透射能(W_T)计算如下[226-227]:

$$W_I = \frac{A_0 C_0}{E_0} \int_0^t \sigma_I^2(t)\,dt = A_0 C_0 E_0 \int_0^t \varepsilon_I^2(t)\,dt \tag{2-12}$$

$$W_R = \frac{A_0 C_0}{E_0} \int_0^t \sigma_R^2(t)\,dt = A_0 C_0 E_0 \int_0^t \varepsilon_R^2(t)\,dt \tag{2-13}$$

$$W_T = \frac{A_0 C_0}{E_0} \int_0^t \sigma_T^2(t)\,dt = A_0 C_0 E_0 \int_0^t \varepsilon_T^2(t)\,dt \tag{2-14}$$

消耗能量主要包括煤岩样吸收能量、入射杆反射能量、透射杆传递能量以及煤岩样与杆摩擦引起的能量消耗[228]。

忽略煤岩样与入射杆、透射杆间的摩擦,煤岩样吸收能量(W_F)为:

$$W_F = W_I - W_R - W_T \tag{2-15}$$

2.3　煤岩样动态力学特性

2.3.1　应力-应变曲线

采用"三波法"将试验测得的入射波信号、反射波信号和透射波信号代入式(2-1)～式(2-3),计算煤岩样应变率、应力、应变等参数,应力-应变曲线分析如下。

（1）无围压动载作用下煤岩样应力-应变曲线

无围压动载作用下煤岩样典型应力-应变曲线分为以下几个阶段，如图 2-11 所示[229-230]。第一阶段：OA 压密阶段，加速冲击阶段内煤岩样孔隙在应力波作用下被压密、压实，应力、应变增加较快；第二阶段：AB 弹性阶段，应力-应变曲线呈直线状态，压密后煤岩样发生弹性变形，煤岩样变形破坏较小，未发生不可逆破坏，应力与应变呈直线增长；第三阶段：BC 裂纹扩展阶段，应力变化速率相比弹性阶段减小，内部裂隙不断演化扩展，但煤岩样未发生整体宏观破坏，单次冲击与多次冲击最大不同在此阶段，峰值 C 点为煤岩样能够承受最大应力值，峰值应力值越大煤岩样内部裂隙演化越小，能够承受外部冲击抵抗力越大；第四阶段：CD 第一卸荷阶段，煤岩样内部裂隙继续扩展演化，弹性模量和应变与应力成反比，D 点为最大应变值，煤岩样弹性变形转变为塑性变形直至发生不可逆转破坏；第五阶段：DE 第二卸荷阶段，煤岩样第二卸荷阶段完全破坏，峰值应力和应变逐渐减小。

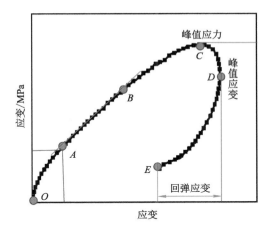

图 2-11　无围压动载作用下典型应力-应变曲线

图 2-12 和图 2-13 所示为无围压动载作用下煤样和岩样应力-应变曲线。不同冲击压力、不同冲击次数应力-应变曲线具有不同阶段。不同冲击次数后煤岩样破坏程度不同，峰值应力不同，煤岩样峰值应力与冲击次数成反比。冲击初始阶段应力-应变曲线近似为直线，随着应变增加呈现显著非线性关系，曲线斜率由线性关系变为非线性关系而达到最大承受载荷，煤岩样峰值应力减小，直至破坏。

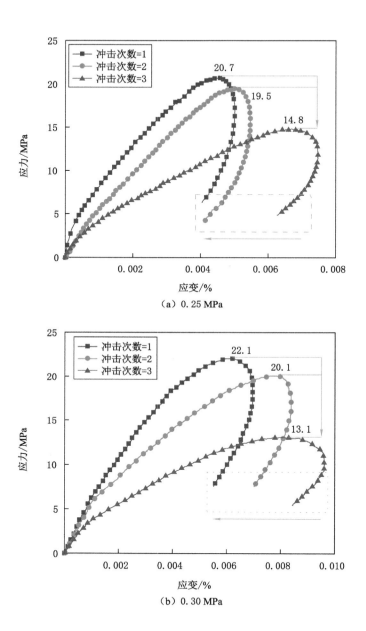

（a）0.25 MPa

（b）0.30 MPa

图 2-12 无围压动载作用下煤样应力-应变曲线

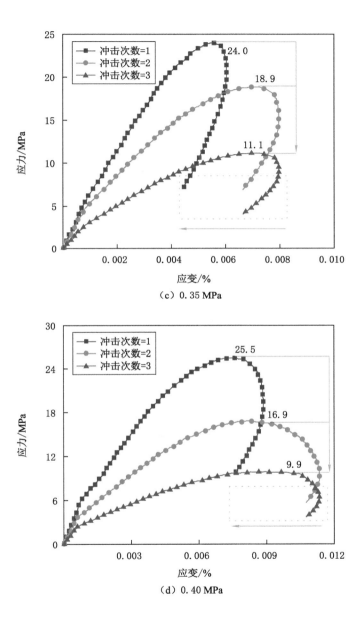

（c）0.35 MPa

（d）0.40 MPa

图 2-12　（续）

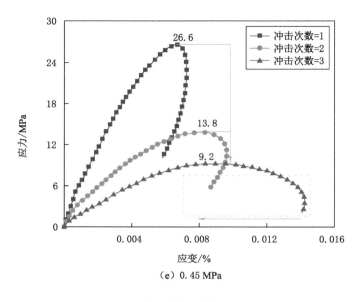

（e）0.45 MPa

图 2-12 （续）

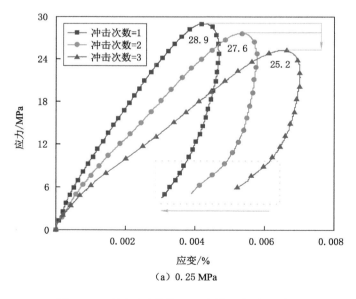

（a）0.25 MPa

图 2-13 无围压动载作用下岩样应力-应变曲线

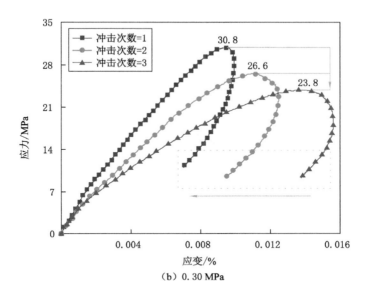

（b）0.30 MPa

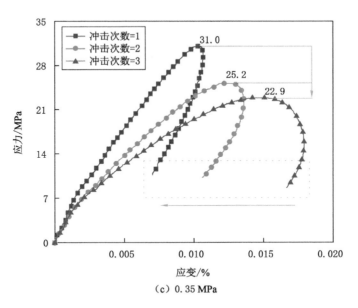

（c）0.35 MPa

图 2-13　（续）

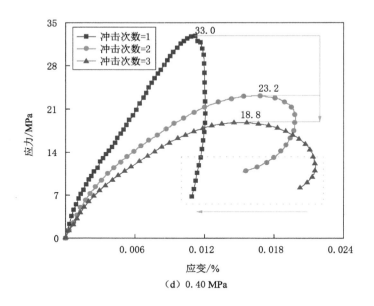

（d）0.40 MPa

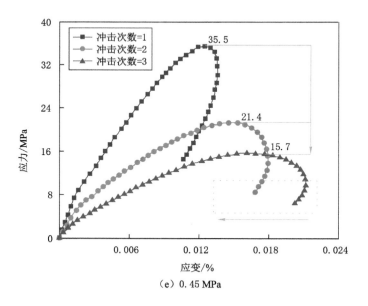

（e）0.45 MPa

图 2-13 （续）

（2）围压动载作用下煤岩样应力-应变曲线

围压动载作用下典型应力-应变曲线分为 4 个阶段,如图 2-14 所示。第一阶段(OA 段):线弹性阶段或煤岩样压密阶段,冲击初始时刻受到冲击作用较小,煤岩样不会产生破坏,冲击作用下煤岩样孔隙结构被压密,应力与应变呈线性增加;第二阶段(AB 阶段):弹性阶段,应力-应变曲线近似为直线,压密后煤岩样发生了弹性变形与破坏;第三阶段(BC 阶段):屈服阶段,随着载荷不断增加,煤岩样出现新裂纹且塑性变化显著增加,动载作用下裂纹进一步扩展延伸,煤岩样开始出现破坏;第四阶段(CD 阶段):完全破坏阶段,冲击作用下煤岩样裂隙进一步发育,达到峰值应力后煤岩样强度降低。

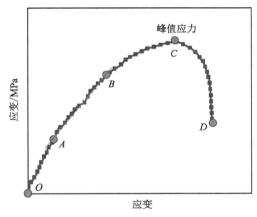

图 2-14　围压动载作用下典型应力-应变曲线

图 2-15 和图 2-16 所示分别为围压动载作用下煤样和岩样应力-应变曲线。不同冲击压力、不同冲击次数煤岩样应力-应变曲线呈现 4 个典型阶段。加载初期应力-应变曲线呈线性,煤岩样未完全破坏,具有一定的抗冲击性能。随着应变增加,煤岩样进入弹性阶段,孔隙被压实后应力增加速度减慢。随着应变继续增加,原始孔隙逐渐发育成新裂隙,使煤岩样进入弹塑性破坏阶段。随着裂隙继续发育,应力达到峰值,煤岩样进入完全破坏阶段。

以冲击压力 0.25 MPa 为例,第 1、2、3 次无围压动载作用下煤样最大强度分别为 20.7 MPa、19.5 MPa 和 14.8 MPa,岩样最大强度分别为 28.94 MPa、27.56 MPa 和 25.2 MPa,煤样内原生裂隙和孔隙较多,煤样峰值应力小于岩样;第 1、2、3 次围压动载作用下煤样最大强度分别为 21.53 MPa、19.4 MPa 和 15.34 MPa,岩样最大强度分别为 32.4 MPa、30.2 MPa 和 25.9 MPa。与无围压动载作用下相比,煤样和岩样最大峰值应力增加。

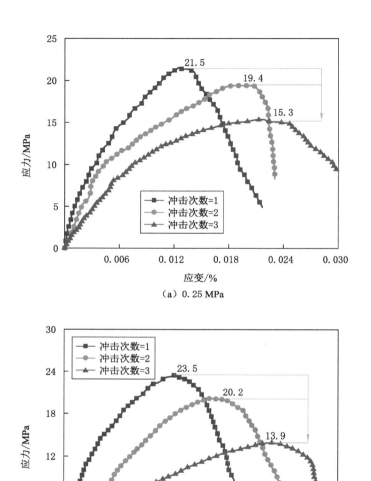

（a）0.25 MPa

（b）0.30 MPa

图 2-15 围压动载作用下煤样应力-应变曲线

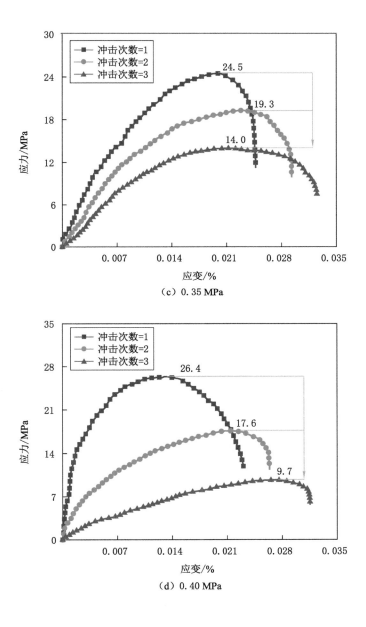

（c）0.35 MPa

（d）0.40 MPa

图 2-15 （续）

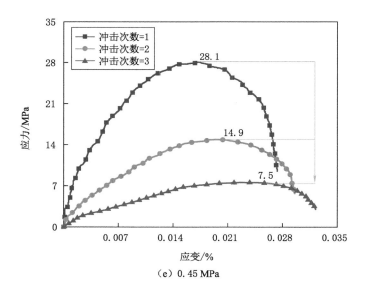

（e）0.45 MPa

图 2-15 （续）

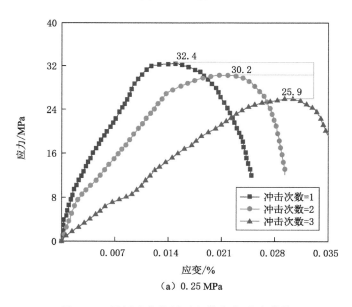

（a）0.25 MPa

图 2-16 围压动载作用下岩样应力-应变曲线

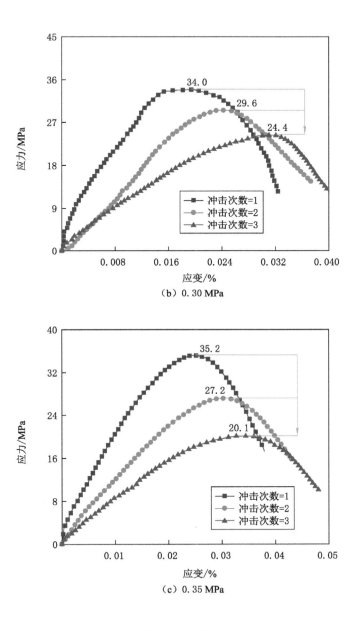

（b）0.30 MPa

（c）0.35 MPa

图 2-16　（续）

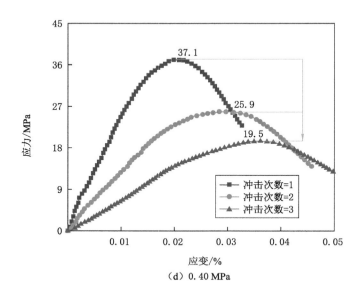

（d）0.40 MPa

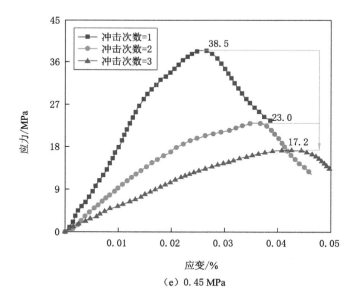

（e）0.45 MPa

图 2-16 （续）

2.3.2　峰值应力

图 2-17 所示为煤岩样峰值应力与冲击次数关系。随着冲击次数增加,煤岩样峰值应力减小,抵抗最大冲击能力减小,动态弱化效应增加。不同冲击次数下煤岩样抵抗最大冲击能力表现出明显的衰减特性,煤岩样峰值应力下降趋势及围压动载作用明显大于无围压动载作用时;由于煤样初始裂隙较多,裂隙演化速率增长速度比岩样大,随着冲击次数的增加,煤样峰值应力下降较大,试件破坏严重,抗冲击能力较小。

图 2-18 所示为煤岩样峰值应力与冲击压力的关系。第 1 次冲击作用下,随着冲击压力增加煤岩样峰值应力逐渐增加,与单次冲击作用下煤岩样动态力学性质规律相似。第 2 次冲击作用下,随着冲击压力增加,煤样峰值应力先增大后减小,因为冲击压力较小,煤体破坏较小,在冲击作用下应力增大,随着冲击压力增加,煤体破坏严重,峰值应力减小,岩样峰值应力逐渐减小,岩体较致密。第 3 次冲击作用下,煤岩样峰值应力逐渐减小,煤岩样峰值应力减小(增加)趋势无围压动载作用下较大,围压动载作用下平缓。

2.3.3　应变率效应

SHPB 试验平均应变率是体现煤岩样变形的一种表征方法[231]。SHPB 冲击压力变化只是加载方式变化的一种形式,应变率变化是煤岩样力学性质发生变化的主要原因。

图 2-19 所示为峰值应力与应变率关系,随着 SHPB 冲击压力增加,煤岩样应变率逐渐增加。第 1 次冲击作用下,随着应变率增加,煤岩样峰值应力增加,煤岩样抵抗外部冲击能力逐渐增大。第 2、3 次冲击作用下,煤岩样峰值应力随着应变率增加逐渐减小,煤岩样抵抗外部冲击能力逐渐减小,煤岩样破坏程度增加[232-233]。煤岩样峰值应力与应变率呈近似线性关系,利用下式进行拟合:

$$\sigma = a\dot{\varepsilon} + b$$

煤岩样动态峰值应力和应变率关系拟合结果见表 2-3,动载作用下煤岩样动态峰值应力与应变率具有线性关系。第 1 次冲击作用下,煤岩样动态峰值应力随着应变率增加呈增加趋势,具有正相关性。第 2、3 次冲击作用下,煤岩样动态峰值应力随着应变率增加呈减小趋势,具有负相关性。

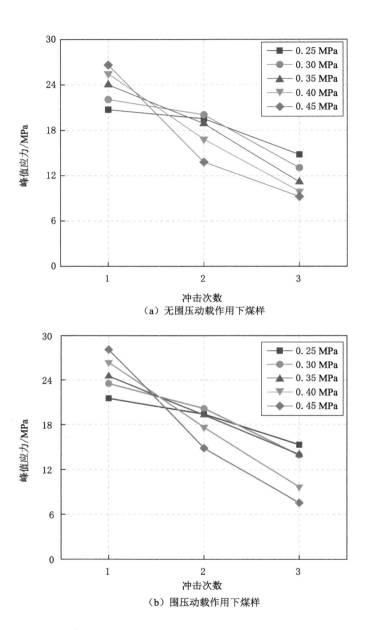

（a）无围压动载作用下煤样

（b）围压动载作用下煤样

图 2-17　峰值应力与冲击次数关系

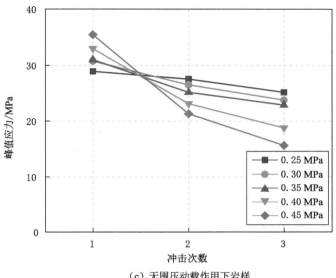

（c）无围压动载作用下岩样

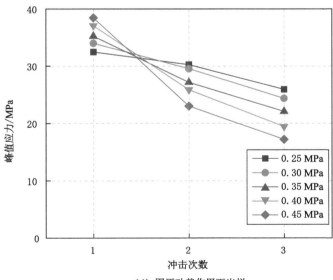

（d）围压动载作用下岩样

图 2-17　（续）

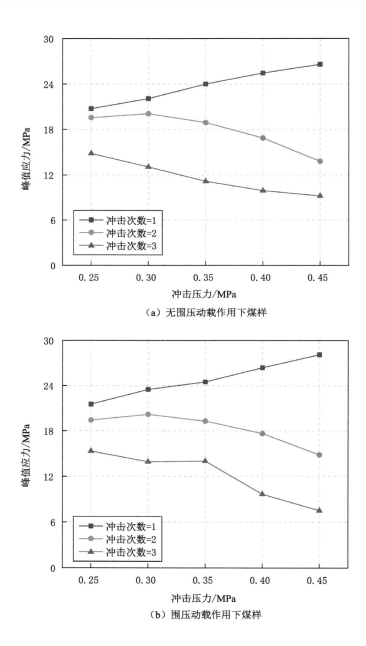

（a）无围压动载作用下煤样

（b）围压动载作用下煤样

图 2-18　峰值应力与冲击压力的关系

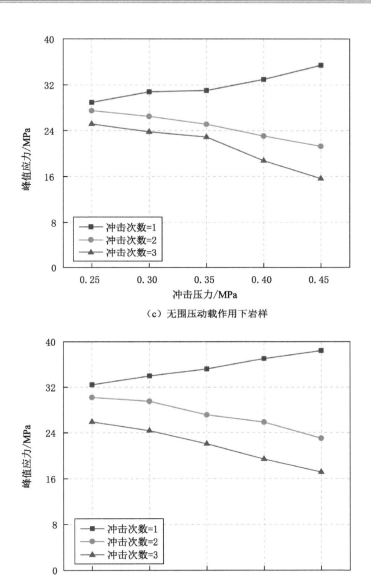

（c）无围压动载作用下岩样

（d）围压动载作用下砂样

图 2-18　（续）

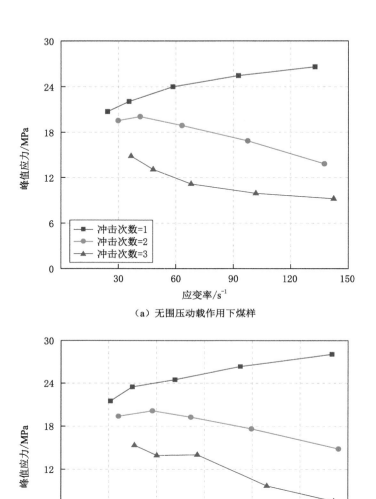

（a）无围压动载作用下煤样

（b）围压动载作用下煤样

图 2-19　峰值应力与应变率关系

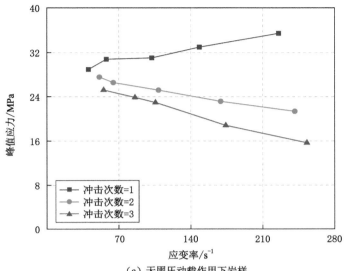

（c）无围压动载作用下岩样

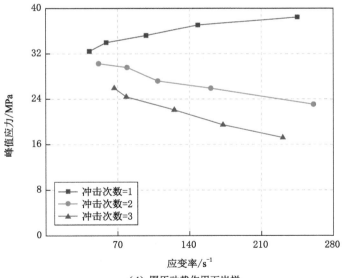

（d）围压动载作用下岩样

图 2-19　（续）

表 2-3　动态峰值应力与应变率拟合

冲击类型	冲击次数	公式	拟合相关系数值
无围压动载作用下煤样	1	$\sigma = 0.052\dot{\varepsilon} + 20.16$	93.3
	2	$\sigma = -0.057\dot{\varepsilon} + 22.02$	95.1
	3	$\sigma = -0.05\dot{\varepsilon} + 15.56$	95.5
围压动载作用下煤样	1	$\sigma = 0.044\dot{\varepsilon} + 21$	94.7
	2	$\sigma = -0.036\dot{\varepsilon} + 21.69$	94.5
	3	$\sigma = -0.06\dot{\varepsilon} + 18.34$	95.9
无围压动载作用下岩样	1	$\sigma = 0.032\dot{\varepsilon} + 28.11$	95.7
	2	$\sigma = -0.03\dot{\varepsilon} + 28.8$	98.7
	3	$\sigma = -0.049\dot{\varepsilon} + 27.97$	99.3
围压动载作用下岩样	1	$\sigma = 0.03\dot{\varepsilon} + 32.09$	92.1
	2	$\sigma = -0.035\dot{\varepsilon} + 31.78$	96.3
	3	$\sigma = -0.05\dot{\varepsilon} + 28.79$	98.3

2.3.4　动态弹性模量

弹性模量是描述煤岩体力学性质的重要参数之一,煤岩样应力-应变曲线并非呈线性关系,动态弹性模量取应力-应变曲线原点处切线斜率,由于动态应力-应变曲线线段较短、变化较小,无法准确显示动态弹性模量关系[234-235],动态弹性模量用峰值应力一半切线斜率来表示,动态弹性模量如下:

$$E_{\mathrm{I}} = \frac{\sigma_{\mathrm{I}}}{\varepsilon_{\mathrm{I}}} \qquad (2-16)$$

式中　E_{I}——煤岩样动态弹性模量,GPa;

σ_{I}——峰值应力一半处的应力值,MPa;

ε_{I}——峰值应力一半处的应变值。

煤岩体结构复杂多变、裂隙和孔隙的差异性导致试验结果具有较大离散性。图 2-20 所示为弹性模量与冲击次数关系,冲击次数和冲击压力对煤岩样弹性模量具有重要影响。随着冲击次数增加,煤岩样弹性模量下降,冲击次数和冲击压力一定时,煤样的弹性模量围压动载作用大于无围压动载作用,岩样的弹性模量围压动载作用小于无围压动载作用。

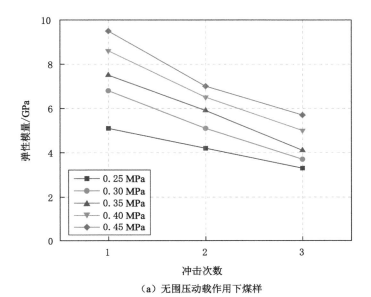

（a）无围压动载作用下煤样

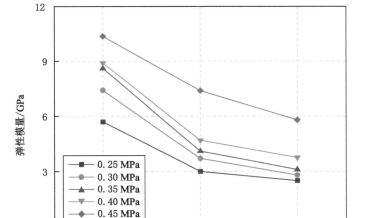

（b）围压动载作用下煤样

图 2-20　弹性模量与冲击次数的关系

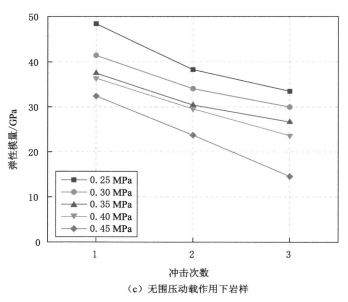

（c）无围压动载作用下岩样

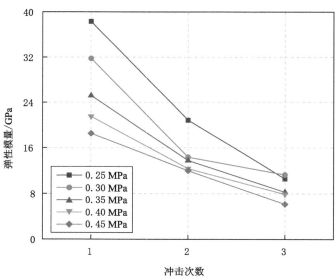

（d）围压动载作用下岩样

图 2-20　（续）

2.3.5　强度弱化效应

煤岩体动态强度弱化效应用弱化系数来表示,为了更好描述不同冲击次数、不同冲击压力煤岩样峰值应力弱化效应,定义峰值应力弱化系数为[236-237]:

$$\xi_{ai} = \frac{\alpha_{d(i)} - \alpha_{d(i+1)}}{\alpha_{d(i)}} \times 100\% \tag{2-17}$$

$$\xi_{\alpha} = \frac{\alpha_{d(N)} - \alpha_{d(1)}}{\alpha_{d(1)}} \times 100\% \tag{2-18}$$

式中　ξ_{ai}——峰值应力弱化系数;

　　　$\alpha_{d(i)}$——第 i 次峰值应力,MPa;

　　　$\alpha_{d(i+1)}$——第 $i+1$ 次峰值应力,MPa;

　　　N——冲击次数;

　　　ξ_{α}——最终弱化系数;

　　　$\alpha_{d(N)}$——第 N 次峰值应力,MPa;

　　　$\alpha_{d(1)}$——第 1 次峰值应力,MPa。

表 2-4 所列为冲击压力(MPa)分别为 0.25、0.30、0.35、0.40 和 0.45,冲击次数分别为 1、2、3 次的煤样和岩样弱化系数。煤岩样最终弱化系数无围压动载作用小于围压动载作用,当冲击次数为 3 时,冲击压力从 0.25 MPa 增加到 0.45 MPa,无围压动载作用下煤样最终弱化系数由 28.5% 增加到 61.1%,围压动载作用下煤样最终弱化系数由 28.8% 增加到 71.2%;无围压动载作用下岩样最终弱化系数由 20.5% 增加到 55.8%,围压动载作用下岩样最终弱化系数由 17.5% 增加到 48.8%。

表 2-4　峰值应力弱化系数

冲击压力 /MPa	ξ_{a1}/%	ξ_{a2}/%	ξ_{α}/%	ξ_{a1}/%	ξ_{a2}/%	ξ_{α}/%	ξ_{a1}/%	ξ_{a2}/%	ξ_{α}/%	ξ_{a1}/%	ξ_{a2}/%	ξ_{α}/%
	无围压-煤样			围压-煤样			无围压-岩样			围压-岩样		
0.25	5.8	24.1	28.5	9.9	20.9	28.8	4.8	8.6	12.9	6.7	14.3	20.1
0.30	9.1	34.9	40.8	14.1	30.8	40.6	13.8	10.2	22.6	12.9	17.6	28.3
0.35	21.3	41.0	53.5	21.3	27.1	42.7	18.8	9.0	26.8	22.8	18.7	37.3
0.40	33.8	41.2	61.1	33.2	45.1	63.3	29.8	18.8	43.0	30.2	24.8	47.5
0.45	48.1	33.4	65.4	47.2	49.2	73.2	39.8	26.6	55.8	40.1	25.3	55.3

图 2-21 所示为煤岩样弱化系数与冲击压力的关系,冲击压力和冲击次数越大,煤岩样损伤越严重,弱化程度越大。对煤岩样最终弱化系数与冲击压力进行拟合得到 $\xi = 200\alpha - 28$,$R^2 = 0.96$ 的线性关系。动载作用下煤岩样强度特征和完整性减弱,存在弱化效应,随着冲击次数的增加,煤岩样弱化系数增加。冲击压力由 0.25 MPa 增加到 0.45 MPa,综合分析第 2 次冲击弱化系数、第 3 次冲击弱化系数及最终弱化系数,无围压动载作用下煤样弱化系数分别为 5.8%～48.1%、24.1%～33.4%、28.5%～65.4%,介于 5.8%～65.4% 之间;围压动载作用下煤样弱化系数分别为 9.9%～47.2%、20.9%～49.2%、28.8%～49.2%,介于 9.9%～49.2% 之间;无围压动载作用下岩样弱化系数分别为 4.8%～39.8%、8.6%～26.6%、12.9%～55.8%,介于 4.8%～55.8% 之间;围压动载作用下岩样弱化系数分别为 6.7%～55.8%、14.3%～25.3%、20.1%～55.3%,介于 6.7%～55.8% 之间,不同冲击次数下煤岩样弱化系数离散性较大。动载作用下巷道开挖后围岩会发生强度弱化使巷道支护效果减弱,岩体弱化系数小于煤体弱化系数,冲击地压巷道岩巷支护效果优于煤巷。

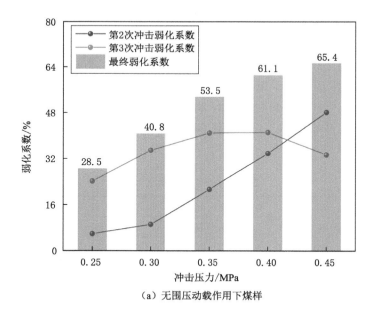

(a) 无围压动载作用下煤样

图 2-21 弱化系数与冲击压力的关系

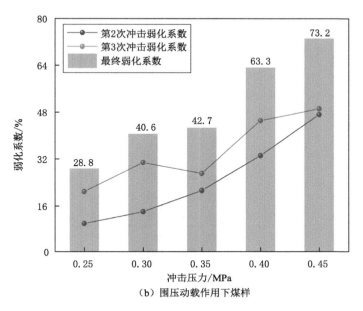

（b）围压动载作用下煤样

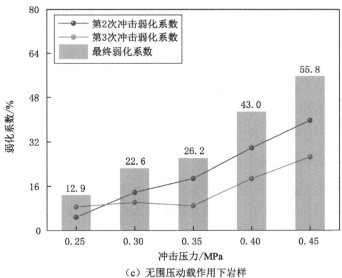

（c）无围压动载作用下岩样

图 2-21 （续）

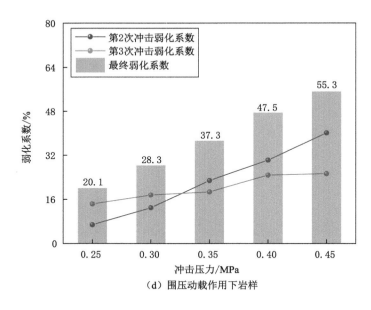

（d）围压动载作用下岩样

图 2-21 （续）

2.4 煤岩样能量耗散特征

冲击作用后煤岩强度变化与动载作用下能量耗散特征是煤矿防冲与支护关注的重点问题之一，不仅是研究冲击地压巷道围岩弱结构吸能防冲的关键，还是冲击地压巷道支护参数及材料选择的基础。

2.4.1 能量吸收理论

冲击作用下撞击杆迅速弹出，能量以波的形式在入射杆和透射杆中传播，一部分能量反射回入射杆，另一部分能量传入煤岩样与透射杆[238-239]。因此，SHPB 试验煤岩样初始波组成为：

$$W'_\text{I} = W'_\text{R} + W'_\text{T} + W'_\text{K} + W'_\text{A} + W'_\text{O} \tag{2-19}$$

式中 W'_I——初始波；

W'_R——反射回入射杆的波；

W'_T——经过试件传入透射杆的波；

W'_K——煤岩样破碎后弹射消耗的波；

W'_A——煤岩样吸收的波;

W'_O——其他形式消耗的波。

试验过程中假设为理想状态下,波的散射及能量耗散忽略不计,根据 SHPB 试验能量守恒定律,煤岩样在冲击破坏过程中吸收的能量为[240-241]:

$$E_A = E_I - E_R - E_T \tag{2-20}$$

式中　E_A——煤岩样吸收能量,J;

E_I——入射能,J;

E_R——反射能,J;

E_T——透射能,J。

根据试验采集的入射波、反射波和透射波计算入射能、反射能和透射能为[242-243]:

$$E_I = \frac{A_e}{\rho_e C_e} \int_0^\tau \sigma_I^2(t) \, dt \tag{2-21}$$

$$E_R = \frac{A_e}{\rho_e C_e} \int_0^\tau \sigma_R^2(t) \, dt \tag{2-22}$$

$$E_T = \frac{A_e}{\rho_e C_e} \int_0^\tau \sigma_T^2(t) \, dt \tag{2-23}$$

式中　σ_I、σ_R、σ_T——入射波、反射波和透射波;

A_e——杆的截面积,m^2;

$\rho_e C_e$——杆的波阻抗;

τ——应力波持续时间,s。

2.4.2　单位体积吸能

SHPB 试验过程中忽略其他部分能量损失,根据入射杆和透射杆应变片采集的电信号计算煤岩样入射能、反射能和透射能,进而计算煤岩样破坏过程中吸收的能量。试验过程中煤岩样尺寸存在微小差别,使用单位体积吸能来表示 SHPB 作用下煤岩样吸收的能量[244]。

煤岩样单位体积吸能为:

$$E_V = \frac{E_A}{V_s} \tag{2-24}$$

式中　E_V——煤岩样单位体积吸能,J;

V_s——煤岩样体积,cm^3。

表 2-5~表 2-8 为不同冲击压力、不同冲击次数煤岩样单位体积吸能,冲

击压力相同，入射能相同，随着冲击次数增加，煤岩样反射能增加，透射能减小。

表 2-5　无围压动载作用下煤样吸能

冲击压力 /MPa	冲击 次数	平均 应变率	入射能 /J	反射能 /J	透射能 /J	吸收能 /J	单位体积 吸能/(J/cm³)
0.25	1	24.36	200.61	53.27	92.39	54.95	0.56
	2	29.86		72.46	65.35	62.80	0.64
	3	36.62		90.37	42.53	67.71	0.69
0.30	1	35.57	238.32	61.82	115.66	60.84	0.62
	2	41.32		93.14	80.42	64.76	0.66
	3	48.19		101.35	67.30	69.67	0.71
0.35	1	58.46	287.21	95.52	127.91	63.78	0.65
	2	63.17		127.99	91.51	67.71	0.69
	3	67.92		135.62	79.96	71.63	0.73
0.40	1	92.69	339.62	125.32	148.56	65.74	0.67
	2	97.52		146.38	123.57	69.67	0.71
	3	101.76		167.15	99.86	72.61	0.74
0.45	1	132.67	384.25	139.92	173.68	70.65	0.72
	2	137.52		176.09	132.60	75.56	0.77
	3	142.38		199.78	104.99	79.48	0.81

表 2-6　围压动载作用下煤样吸能

冲击压力 /MPa	冲击 次数	平均 应变率	入射能 /J	反射能 /J	透射能 /J	吸收能 /J	单位体积 吸能/(J/cm³)
0.25	1	31.06	200.61	70.11	85.45	45.04	0.46
	2	36.07		101.25	46.61	52.75	0.54
	3	46.14		110.59	29.77	60.26	0.61
0.30	1	44.77	238.32	86.36	99.36	52.61	0.54
	2	53.43		119.46	64.02	54.84	0.56
	3	60.21		124.43	51.69	62.20	0.63

表 2-6(续)

冲击压力 /MPa	冲击 次数	平均 应变率	入射能 /J	反射能 /J	透射能 /J	吸收能 /J	单位体积 吸能/(J/cm³)
0.35	1	71.50	287.21	114.69	116.43	56.09	0.57
	2	81.44		165.79	60.52	60.90	0.62
	3	85.52		184.86	37.59	64.76	0.66
0.40	1	112.49	339.62	160.28	119.48	59.86	0.61
	2	119.46		181.40	94.44	63.78	0.65
	3	129.09		210.79	63.08	65.74	0.67
0.45	1	169.93	384.25	175.51	146.64	62.11	0.63
	2	174.06		228.74	87.80	67.71	0.69
	3	171.11		266.17	48.58	69.51	0.71

表 2-7　无围压动载作用下岩样吸能

冲击压力 /MPa	冲击 次数	平均 应变率	入射能 /J	反射能 /J	透射能 /J	吸收能 /J	单位体积 吸能/(J/cm³)
0.25	1	40.57	200.61	79.36	76.33	44.92	0.46
	2	51.31		107.34	42.24	51.03	0.52
	3	65.38		134.55	11.76	54.30	0.55
0.30	1	58.03	238.32	88.77	99.24	50.31	0.51
	2	64.89		134.44	51.13	52.75	0.54
	3	85.78		132.62	49.77	55.93	0.57
0.35	1	102.33	287.21	131.10	102.14	53.97	0.55
	2	108.88		167.88	64.38	54.95	0.56
	3	105.92		198.87	28.36	59.98	0.61
0.40	1	148.46	339.62	167.13	116.77	55.72	0.57
	2	169.39		196.02	85.70	57.89	0.59
	3	174.30		237.86	37.56	64.20	0.65
0.45	1	225.62	384.25	183.10	142.27	58.88	0.60
	2	241.49		254.18	65.43	64.64	0.66
	3	253.23		290.45	23.15	70.65	0.72

表 2-8 围压动载作用下岩样吸能

冲击压力/MPa	冲击次数	平均应变率	入射能/J	反射能/J	透射能/J	吸收能/J	单位体积吸能/(J/cm³)
0.25	1	42.63	200.61	75.12	89.03	36.47	0.37
	2	51.69		109.31	47.11	44.19	0.45
	3	66.92		116.73	30.13	53.75	0.55
0.30	1	59.02	238.32	86.75	107.79	43.78	0.45
	2	79.36		124.01	65.10	49.21	0.50
	3	78.61		127.58	55.50	55.24	0.56
0.35	1	98.02	287.21	124.38	114.77	48.07	0.49
	2	109.32		169.98	67.30	49.93	0.51
	3	125.36		192.99	42.44	51.77	0.53
0.40	1	148.28	339.62	168.79	121.02	49.81	0.51
	2	160.96		191.79	98.52	49.30	0.50
	3	172.82		213.23	70.30	56.09	0.57
0.45	1	245.30	384.25	190.48	143.27	50.49	0.51
	2	260.97		249.16	83.50	51.58	0.53
	3	231.01		271.50	54.08	58.67	0.60

动载作用下煤岩样破坏吸收消耗部分能量,煤样单位体积吸能为 0.46～0.81 J/cm³,岩样单位体积吸能为 0.37～0.72 J/cm³。无围压动载作用下第 1 次、第 2 次和第 3 次冲击时煤样单位体积吸能分别为 0.64 J/cm³、0.69 J/cm³ 和 0.74 J/cm³,围压动载作用下第 1、2、3 次冲击时煤样单位体积吸能分别为 0.56 J/cm³、0.61 J/cm³ 和 0.66 J/cm³,无围压动载作用下第 1 次、第 2 次和第 3 次冲击时岩样单位体积吸能分别为 0.54 J/cm³、0.57 J/cm³ 和 0.62 J/cm³,围压动载作用下第 1 次、第 2 次和第 3 次冲击时岩样单位体积吸能分别为 0.47 J/cm³、0.50 J/cm³ 和 0.56 J/cm³。

图 2-22 所示为煤岩样单位体积吸能与冲击次数的关系,随着冲击次数增加,煤岩样单位体积吸能增加。第 1 次冲击作用下煤岩样在动载作用下产生很少新裂隙,单位体积吸能较小;第 2、3 次冲击作用下裂隙继续扩展、发育,煤岩样应变率增大,消耗能量越多。煤岩样裂隙越多,则煤岩样破坏程度越严重,单位体积吸能越多。

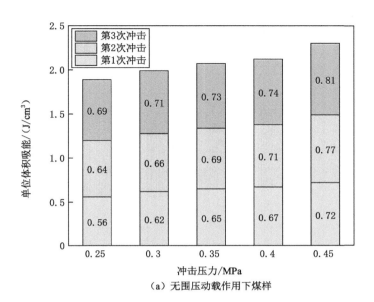

（a）无围压动载作用下煤样

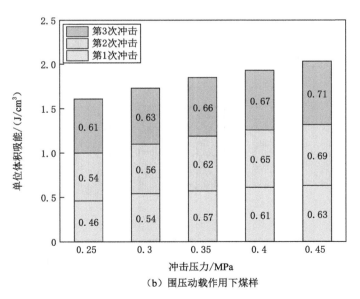

（b）围压动载作用下煤样

图 2-22　单位体积吸能与冲击次数的关系

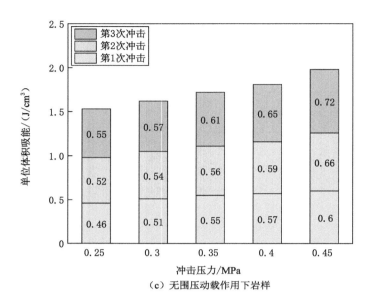

（c）无围压动载作用下岩样

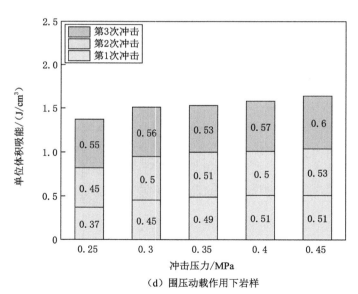

（d）围压动载作用下岩样

图 2-22 （续）

图 2-23 所示为煤岩样单位体积吸能与应变率关系,第 1、2、3 次冲击作用下煤岩样单位体积吸能随着应变率增加逐渐增加,煤岩样单位体积吸能无围压动载作用大于围压动载作用,煤样单位体积吸能大于岩样单位体积吸能。煤岩样单位体积吸能与应变率具有正相关关系,随着应变率的增加,无围压动载作用下煤岩样单位体积吸能呈现"增加-增加"关系,围压动载作用下煤岩样单位体积吸能呈现"增加-稳定-增加"关系。

2.4.3　累计单位体积吸能

煤岩样裂隙发育程度不同导致不同冲击次数下单位体积吸能不同,将煤岩样累积单位体积吸能作为煤岩样能量吸收计算指标[245]。累积单位体积吸能是将不同冲击次数下单次单位体积吸能依次求和,计算方法如下:

$$E_V = \sum_{i=1}^{n} E_{Ai}$$ （2-25）

式中　E_V——煤岩样累积单位体积吸能,J;

　　　E_{Ai}——第 i 次煤岩样单位体积吸能,J;

　　　i——冲击次数,$i=1,2,3$。

图 2-24 所示为煤岩样累积单位体积吸能与冲击次数关系。冲击压力越大,入射能越大,煤岩样破坏越严重,累积单位体积吸能越大。相同冲击压力下,随着冲击次数增加,煤岩样裂隙增多,煤岩样累积单位体积吸能增加,煤样累计单位体积吸能大于岩样累计单位体积吸能。随着冲击次数增加,煤岩样裂隙的扩展与巷道开挖过程中围岩破碎现象相近,是能量较高区域向能量较低区域发展的过程。冲击次数越多,煤岩样越破碎,累计单位体积吸能越大,说明冲击地压巷道围岩弱结构越破碎吸收能量越多。

2.4.4　煤岩吸能率

煤岩样吸能率为吸收能与入射能之比[246-247],试验过程中假定理想状态下其他能量耗散忽略不计,则吸能率计算公式为:

$$\eta = \frac{E_A}{E_I}$$ （2-26）

式中　η——煤岩样的吸能率;

　　　E_A——煤岩样吸收的能量,J;

　　　E_I——入射能,J。

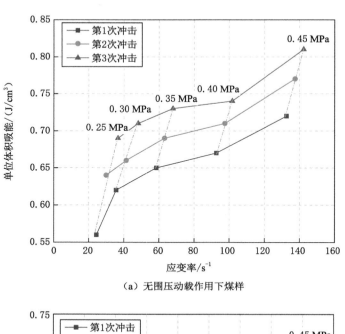

（a）无围压动载作用下煤样

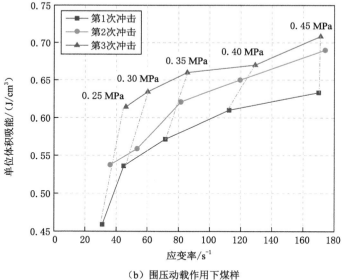

（b）围压动载作用下煤样

图 2-23　单位体积吸能与应变率关系

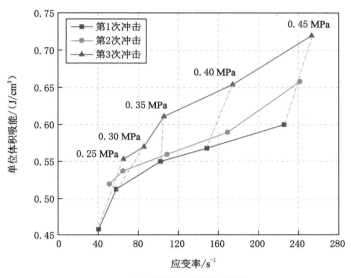

（c）无围压动载作用下岩样

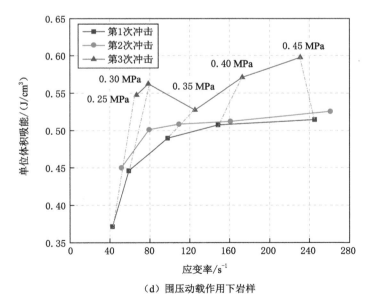

（d）围压动载作用下岩样

图 2-23　（续）

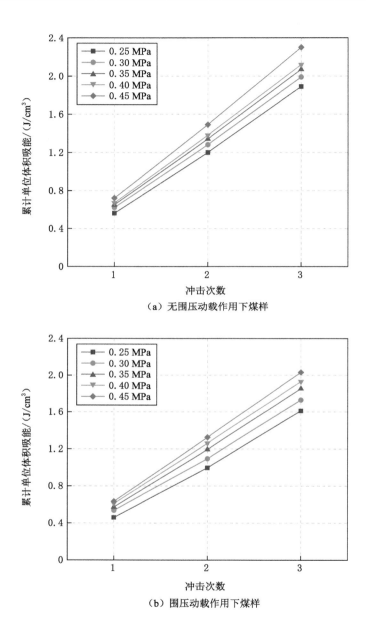

（a）无围压动载作用下煤样

（b）围压动载作用下煤样

图 2-24 累计单位体积吸能与冲击次数关系

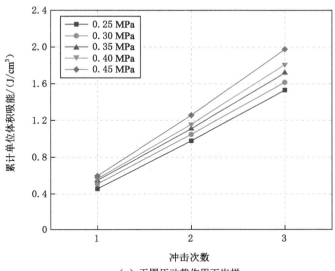

（c）无围压动载作用下岩样

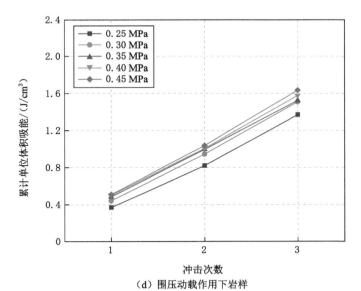

（d）围压动载作用下岩样

图 2-24　（续）

图 2-25 所示为煤岩样吸能率与不同冲击次数的关系。第 1、2、3 次冲击作用下，无围压动载作用煤样吸能率分别为 18.4％～27.4％、19.7％～31.3％和 20.7％～33.8％，围压动载作用煤样吸能率分别为 16.2％～22.5％、17.6％～26.3％ 和 18.1％～30.0％，无围压动载作用岩样吸能率分别为 15.3％～22.4％、16.8％～25.4％和 18.4％～27.1％，围压动载作用岩样吸能率分别为 13.1％～18.2％、13.4％～22.0％和 15.3％～26.8％。随着冲击次数增加，吸能率增加，相同冲击次数下随着冲击压力增加吸能逐渐减小，说明冲击压力增大煤岩样在较短时间内无法将冲击能量完全吸收，冲击能量瞬间释放对煤岩样造成破坏，印证了较大冲击能量作用下巷道瞬间变形破坏的现象。巷道围岩在动载作用下煤岩体力学参数存在一定的弱化效应，动载作用下煤岩体强度弱化效应和能量耗散规律为巷道围岩弱结构致裂提供了理论基础。

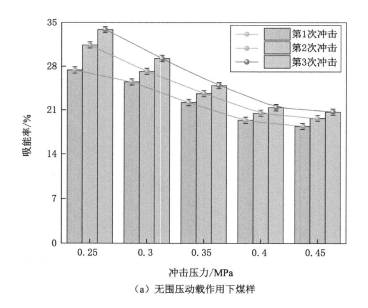

（a）无围压动载作用下煤样

图 2-25　吸能率与冲击次数关系

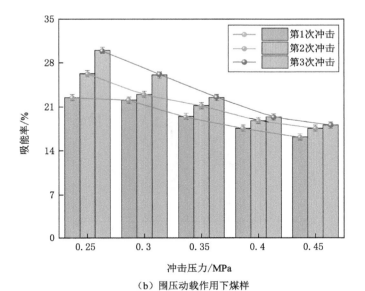

（b）围压动载作用下煤样

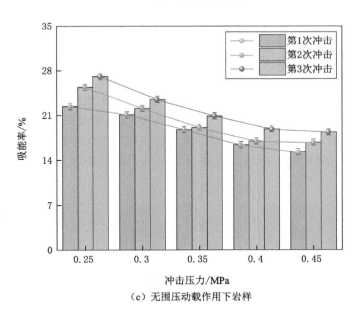

（c）无围压动载作用下岩样

图 2-25 （续）

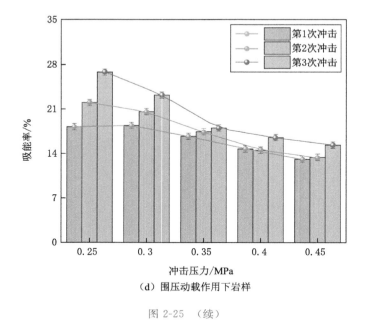

（d）围压动载作用下岩样

图 2-25 （续）

2.5 煤岩样破坏模式及机理

图 2-26～图 2-29 所示为 SHPB 试验不同冲击次数典型煤岩样破坏模式。无围压动载作用下煤岩样呈现"1"型破坏模式，没有明显端部效应且煤岩样破裂面没有摩擦痕迹；围压动载作用下煤岩样呈现"Y"型端部破坏模式，有明显的摩擦痕迹。煤岩样破坏模式为冲击地压巷道围岩破坏控制和支护提供了基础。

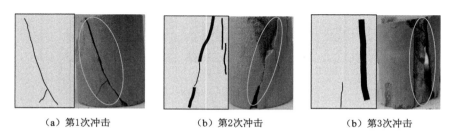

（a）第1次冲击　　　　　（b）第2次冲击　　　　　（b）第3次冲击

图 2-26 无围压动载作用下岩样破坏模式

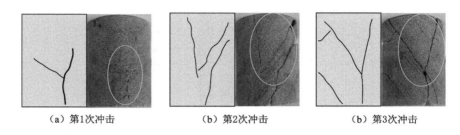

（a）第1次冲击　　　　　　（b）第2次冲击　　　　　　（b）第3次冲击

图 2-27　围压动载作用下岩样破坏模式

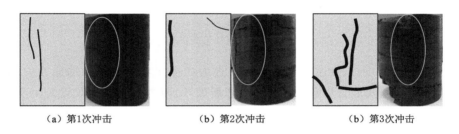

（a）第1次冲击　　　　　　（b）第2次冲击　　　　　　（b）第3次冲击

图 2-28　无围压动载作用下煤样破坏模式

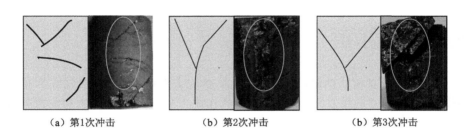

（a）第1次冲击　　　　　　（b）第2次冲击　　　　　　（b）第3次冲击

图 2-29　围压动载煤样破坏模式

图 2-30（a）所示为无围压动载作用下煤岩样破坏机理[248-249]。动载作用下煤岩样破坏主要表现形式为张裂破坏,冲击载荷作用下煤岩样轴向压缩变形,泊松效应下发生横向变形,煤岩样发生横向应变,煤岩样抵抗横向变形能力较差,煤岩样横向应变达到一定程度发生破坏。无围压动载作用下煤岩样不存在界面摩擦效应,煤岩样横向变形能力较差,应力-应变达到极限值时煤岩样将发生破坏,无围压动载作用下煤岩样破裂面沿纵向面发生破坏形成整体"1"型破坏模式。

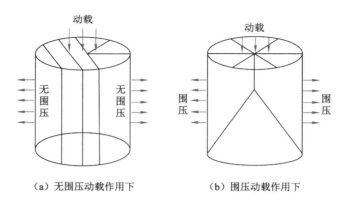

（a）无围压动载作用下　　　　　（b）围压动载作用下

图 2-30　煤岩样破坏机理

图 2-30(b)所示为围压动载作用下煤岩样存在界面摩擦和端部效应,动载作用下横向变形受到限制不会发生张裂破坏,应力波在微裂纹处发生反射和透射,应力波作用于煤岩样接触处发生破坏。应力波在煤岩样倾斜裂纹处被反射,反射波作用于煤岩样裂纹发生扩展,煤岩样裂纹尖端强度因子达到断裂韧度,裂纹扩展形成宏观破坏。相同冲击次数围压动载作用下煤岩样近似发生"Y"型端部破坏模式。

2.6　本章小结

采用 SHPB 动载试验系统,研究了不同冲击次数、冲击倾向性煤岩样动态力学性质和能量耗散特征,分析了动载作用下煤岩样力学性质和能量耗散规律,建立了煤岩样弱化效应和能量耗散模型,揭示了动载作用下煤岩样破坏模式及能量耗散机理,研究结论如下:

① 分析了无围压动载和围压动载作用下煤岩样峰值应力、弱化系数、动态弹性模量、应变率效应与冲击压力及冲击次数的关系,随着冲击次数的增加,煤岩样最大应变增加,峰值应力及弹性模量减小,弱化程度增大。

② 建立了煤岩样弱化效应和能量耗散模型,对不同冲击压力下煤岩样最终弱化系数进行拟合得到线性弱化规律;动载作用下煤岩样强度特征和完整性减弱,煤样单位体积吸能为 $0.46 \sim 0.81$ J/cm³,岩样单位体积吸能为 $0.37 \sim 0.72$ J/cm³,动载作用下煤岩样强度弱化效应和能量耗散规律为巷道围岩弱结构致裂提供了理论基础。

③ 揭示了煤岩样动态破坏模式及能量耗散机理,无围压动载作用下由于不存在界面摩擦煤岩样而呈"1"型破坏模式,围压动载作用下存在界面摩擦和端部效应呈"Y"型破坏模式。

第3章 巷道围岩弱结构吸能防冲
物理模拟试验

物理模拟试验成为巷道支护、岩层控制、冲击地压模拟研究的主要方法之一,具有研究条件容易转换、操作简单、试验过程周期短、可重复等优点。第2章动载作用下煤岩样强度弱化效应和能量耗散规律为巷道围岩弱结构吸能防冲提供了理论基础,本章使用冲击动载相似物理试验模型,采用位移监测、声发射和压力传感器等监测设备,以义马常村煤矿21170运输巷为地质模型,分析有无弱结构两种情况下巷道围岩破坏特征,研究不同冲击能量下巷道围岩破坏规律,揭示巷道围岩冲击破坏特征及弱结构吸能防冲特性。

3.1 物理模拟试验设计

3.1.1 目的及内容

文献[250-253]研究表明,冲击地压煤巷破坏主要以帮部破坏为主,巷道帮部破坏差异性与巷道掘进和工作面回采扰动强度有重要关系,冲击位置对巷道帮部失稳破坏有直接影响,物理模拟试验以帮部冲击为例对巷道围岩冲击破坏过程进行研究。

物理模型试验目的是研究巷道围岩的破坏过程及弱结构吸能特性,分析有无弱结构两种情况下巷道围岩破坏特征,揭示动载作用下巷道破坏失稳规律和围岩弱结构吸能机理,试验内容如下:

(1)动载作用下巷道破坏特征及过程

通过改变相似模型试验摆锤高度来实现不同冲击能量,利用位移监测、声发射、压力传感器等试验设备监测巷道破坏过程,分析巷道围岩破坏特征及机理。

（2）动载作用下巷道围岩弱结构吸能特性

相似模型设置巷道围岩弱结构,分析不同冲击能量作用下巷道围岩位移和应力分布,得到巷道围岩弱结构吸能特性。

（3）动载作用下巷道围岩弱结构吸能机理

分析动载作用下有无弱结构巷道破坏特征,研究巷道围岩弱结构吸能特性,揭示动载作用下巷道围岩弱结构吸能机理。

3.1.2　模型参数

按照相似定理,原型($'$)与模型($''$)之间应满足下列基本相似条件[254-255]。

几何相似:

$$\frac{l'_1}{l''_1} = \frac{l'_2}{l''_2} = \cdots = a_l \tag{3-1}$$

运动相似:

$$\frac{t'_1}{t''_1} = \frac{t'_2}{t''_2} = \cdots = a_t = \sqrt{a_l} \tag{3-2}$$

应力相似:

$$a_p = a_\gamma \cdot a_l \tag{3-3}$$

式中,a_γ 为容重比。

动力相似:

$$F = m\frac{\mathrm{d}v}{\mathrm{d}t} F = m\frac{\mathrm{d}v}{\mathrm{d}t} \tag{3-4}$$

由此可推出:

$$\frac{m'_1}{m''_1} = \frac{m'_2}{m''_2} = \cdots = a_m = a_\lambda a_l^3 \tag{3-5}$$

外力相似:

$$a_F = a_\lambda a_l^3 \tag{3-6}$$

以义马常村煤矿 21170 运输巷为背景,根据煤层厚度及埋深设定模型上边界,覆岩厚度平均为 700 m,适当简化归一后设计几何比 $a_l = 1:25$ 及容重比 $a_\gamma = 1:1.5$。

相似模型架规格为:长×宽×高＝1.5 m×0.4 m×1.2 m,根据模型几何相似比 a_l 和容重相似比 a_γ,模型应力相似比[256]为:

$$a_\sigma = a_l \times a_\gamma = 25 \times 1.5 = 37.5 \tag{3-7}$$

进一步计算模型能量相似比为:

$$a_E = a_l^4 \times a_\gamma = 25^4 \times 1.5 = 5.9 \times 10^5 \tag{3-8}$$

3.1.3 模型材料及配比

在相似模型材料配比研究基础上[257-258]，通过理论计算和地层模拟间强度对比确定本次物理模拟试验材料为砂子、石膏、碳酸钙和云母粉，以义马常村煤矿煤岩物理力学参数及相似材料试件强度值为依据确定相似材料配比，通过试验室制作标准试件进行单轴压缩试验，经反复调整获得相似材料最佳配比。

砾岩、细砂岩、泥岩和煤单轴抗压强度分别为 $50 \sim 55$ MPa、$35 \sim 40$ MPa、$25 \sim 30$ MPa 和 $10 \sim 15$ MPa，根据模型应力相似比[259]计算砾岩、细砂岩、泥岩和煤相似模拟强度分别为 $1.33 \sim 1.47$ MPa、$0.93 \sim 1.07$ MPa、$0.67 \sim 0.8$ MPa 和 $0.27 \sim 0.4$ MPa。图 3-1 所示为部分相似配比试件，每种配比材料制作 3 块，分别制备 36 块 $\phi 50$ mm $\times 100$ mm 和 $\phi 50$ mm $\times 25$ mm 圆柱体试件用于单轴抗压强度和巴西劈裂试验。

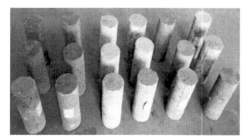

图 3-1　相似材料配比试件

表 3-1 和图 3-2 所示为不同配比材料抗压强度结果，砂子与胶结材料比为 $3:1$，碳酸钙与石膏比为 $3:7$，材料相似配比为 $3:3:7$ 时，材料抗压强度最大为 4.17 MPa；砂子与胶结材料比为 $6:1$，碳酸钙与石膏比为 $5:5$，材料相似配比为 $6:5:5$ 时，材料单轴抗压强度最小为 0.39 MPa。试验得出石膏是决定相似材料强度的关键因素之一。不同配比材料单轴抗压强度表现出较大差异性，随着砂子、碳酸钙和石膏配比逐渐减小单轴抗压强度呈下降趋势，碳酸钙和石膏比例确定，随着砂子比例增加相似材料单轴抗压强度减小；砂子与胶结材料（碳酸钙和石膏）比例一定，随着石膏比例减小相似材料抗压强度减小。

表 3-1　不同配比材料抗压强度结果

名称	配比号	抗压强度/MPa			平均值/MPa
砾岩	337	4.13	4.65	3.72	4.17
	346	3.02	2.79	2.16	2.66
	355	1.55	2.09	1.76	1.80
细砂岩	437	3.25	2.99	3.14	3.13
	446	2.41	2.36	2.05	2.27
	455	1.21	1.05	1.03	1.10
泥岩	537	2.11	2.35	2.46	2.31
	546	1.62	1.53	1.57	1.57
	555	0.75	0.88	0.86	0.83
煤	637	0.91	0.89	0.77	0.86
	646	0.54	0.61	0.4	0.52
	655	0.21	0.55	0.41	0.39

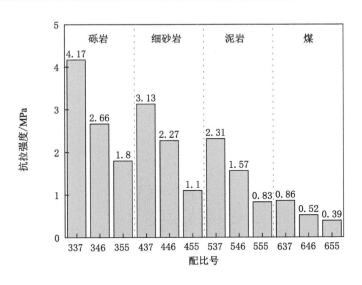

图 3-2　不同配比材料抗压强度关系

　　表 3-2 和图 3-3 所示为不同配比材料抗压强度结果,砂子与胶结材料比为 3：1,碳酸钙与石膏比为 3：7,材料相似配比为 3：3：7 时,材料的抗拉强度最大为 1.15 MPa;砂子与胶结材料比为 6：1,碳酸钙与石膏比为 5：5,材

料相似配比为 6∶5∶5 时,材料抗拉强度最小为 0.28 MPa。随着砂子、碳酸钙和石膏配比的变化表现出不同的抗拉强度。相似材料胶结比确定时,随着砂子比例增加相似材料抗拉强度减小,砂子与胶结材料比例一定时,随着石膏比例减小相似材料抗拉强度减小,与相似材料抗压强度有相似规律。

表 3-2　不同配比材料抗拉试验结果

名称	配比号	抗拉强度/MPa			平均值/MPa
砾岩	337	1.04	1.21	1.19	1.15
	346	0.82	0.89	1.1	0.94
	355	0.6	0.58	0.74	0.64
细砂岩	437	0.93	0.87	0.92	0.91
	446	0.62	0.71	0.88	0.74
	455	0.59	0.65	0.54	0.59
泥岩	537	0.79	0.82	0.91	0.84
	546	0.49	0.56	0.55	0.53
	555	0.42	0.33	0.43	0.39
煤	637	0.41	0.45	0.59	0.48
	646	0.32	0.29	0.38	0.33
	655	0.27	0.25	0.33	0.28

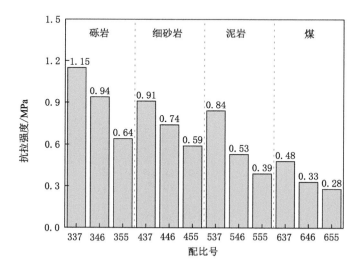

图 3-3　不同配比材料抗拉强度关系

配比材料破坏模式如图 3-4 所示,主要表现为拉伸、拉剪和剪切破坏。

图 3-4 配比试件破坏模式

巷道围岩弱结构采用相似配比材料与 400 kg/m³ 泡沫混凝土[260] 试验对比分析后确定,泡沫混凝土制备材料见表 3-3,泡沫混凝土组成材料包括河砂、粉煤灰、水泥、发泡剂、泡沫稳定剂和自来水。相似配比制作弱结构采用砂子与胶结材料比为 7∶1,碳酸钙与石膏比为 5∶5,材料相似配比为 7∶5∶5。

表 3-3 泡沫混凝土材料组成及描述

材料	描述
水泥	42.5R 普通硅酸盐水泥(PC),密度 3 150 kg/m³,初凝时间 50 min,终凝时间 3.5 h
砂	粗骨料采用密度为 2 520 kg/m³、粒径小于 5 mm、平均细度为 2.50 的砂
粉煤灰	粉煤灰,平均粒径 1～15 μm,一级参数,密度 2 400 kg/m³
发泡剂	30％浓度的工业过氧化氢
催化剂	MnO_2 催化剂
稳泡剂	硬脂酸钙($C_{36}H_{70}CaO_4$)
水	自来水

表 3-4 所示为巷道围岩弱结构相似模型材料对比试验结果,使用 400 kg/m³ 泡沫混凝土平均抗压强度为 1.82 MPa,使用砂、碳酸钙和石膏配比为 7∶5∶5,相似材料平均抗压强度为 0.24 MPa,巷道围岩弱结构吸收冲击能量的强度低于完整煤岩体,因此物理模拟巷道围岩弱结构材料选用砂、碳酸钙和石膏相似配比为 7∶5∶5。

表 3-4　弱结构相似模拟材料试验结果

类型	编号	试件直径 /mm	试件高度 /mm	抗压强度 /MPa	平均抗压强度 /MPa
泡沫混凝土	S-0-1	50.5	100.2	1.28	1.82
	S-0-2	50.7	100.5	2.10	
	S-0-3	50.6	99.3	2.09	
相似配比	755-1	50.2	100.3	0.26	0.24
	755-2	51.0	100.6	0.25	
	755-3	50.3	98.9	0.20	

相似材料选择与合理配比对物理模拟试验结果有重要影响,砂子与胶结材料比分别为 3∶1、4∶1、5∶1 和 6∶1,单轴抗压强度分别为 1.8～4.17 MPa、1.1～3.13 MPa、0.83～2.31 MPa 和 0.9～0.86 MPa。根据相似材料试件试验结果和文献分析,物理模拟试验材料砾岩、细砂岩、泥岩、煤和弱结构配比号分别为 337、446、537、655 和 755。

模型试验设计如图 3-5 所示,按照模型尺寸计算所需相似材料见表 3-5。

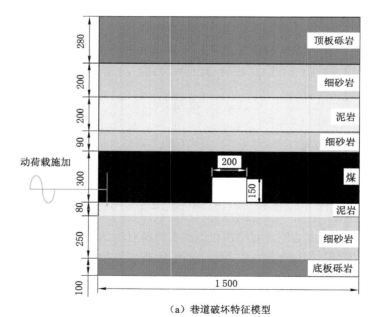

（a）巷道破坏特征模型

图 3-5　模拟试验设计

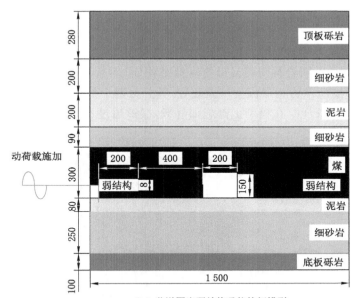

（b）巷道围岩弱结构吸能特征模型

图 3-5　（续）

表 3-5　相似材料用量

层位	厚度 /mm	岩性	模型密度 /(g/cm³)	模型抗压强度/kPa	砂子 /kg	碳酸钙 /kg	石膏 /kg	水 /kg
1	280	顶板砾岩	1.83	104.71	61.34	43.84	43.84	16.56
2	200	细砂岩	1.72	90.74	42.13	73.73	31.60	16.38
3	200	泥岩	1.16	73.35	17.11	7.32	7.32	3.53
4	90	细砂岩	1.72	90.74	42.13	73.73	31.60	16.38
5	300	煤	1	51.82	33.34	33.34	4.92	8.34
6	80	泥岩	1.06	69.35	12.35	5.26	5.26	3.67
7	250	细砂岩	1.82	125.21	59.3	51.07	43.07	16.38
8	100	底板砾岩	1.92	111.20	57.34	53.84	49.84	16.56
9		弱结构	0.6	30.02	12.13	12.13	2.31	4.34
总计	1 500	—	—	—	325.04	342.13	217.45	97.8

3.1.4　模型制作

从底板砾岩开始称取相似配比材料,将材料均匀搅拌后与水混合倒入相似模型架[261],不同岩层间用云母粉模拟结构面,然后对上部岩层按顺序进行铺设。图 3-6 所示为相似模型试验装置,其分为四个部分:操控台、摆锤、液压缸和模型架。液压缸在模型上部施加静载,摆锤通过不同高度用来施加动载。

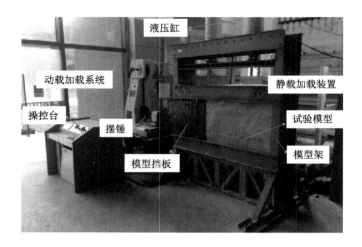

图 3-6　相似模拟装置

3.1.5　巷道开挖及加载

物理模拟试验以义马常村煤矿 21170 运输巷地质条件为实际岩层,结合模型相似比,计算模型上覆边界载荷为:

$$P' = \rho g h = 2\,500 \times 9.8 \times 700 = 17.15 \text{（MPa）} \tag{3-9}$$

$$P'' = P'/a_\sigma = 0.475 \text{（MPa）} \tag{3-10}$$

式中　P'——上覆载荷值,MPa;

　　　P''——相似模型载荷值,MPa;

　　　h——上覆岩层厚度,m;

　　　ρ——上覆岩层平均密度,kg/m³。

相似模型分层铺设完成,自然条件下干燥达到试验要求后,保证巷道尺寸及模型完整,将预留巷道进行开挖。考虑到原型煤岩体所受应力状态为三向受力,本次物理模拟试验采用平面应力模型,为防止模型加载时沿自由面冒出垮落,边界载荷取 68.4 kN。通过调整摆锤不同高度来模拟不同冲击能量,经计算与设计,试验采用摆锤质量为 20 kg,摆杆长度为 1 m,摆锤可设置最大高度为 2 m,实际可输入最大重力势能为 $20 \times 9.8 \times 2$ J＝392.0 J,实际模拟势能为 2.31×10^8 J。

研究[262-263]可知微震等监测设备监测到冲击震源能量 2％用于煤岩体破坏,本试验装置可模拟最大冲击能量为 4.62×10^6 J,摆锤高度以 0.1 m 梯度分别作用于模型。为摆锤高度和模拟能量见表 3-6。

表 3-6　摆锤高度及模拟能量

序号	摆锤高度/m	模拟能量/J	序号	摆锤高度/m	模拟能量/J
1	0.1	2.42×10^4	7	0.7	3.72×10^5
2	0.2	4.85×10^4	8	0.8	4.94×10^5
3	0.3	6.53×10^4	9	0.9	6.18×10^5
4	0.4	8.27×10^4	10	1.0	8.42×10^5
5	0.5	1.21×10^5	11	1.1	1.31×10^6
6	0.6	2.61×10^5	12	1.2	2.67×10^6

每次摆锤撞击入射杆后采集声发射、位移数据分析巷道围岩变形破坏特征,位移数据采用相机和模型参照点进行测量,以此获得相似模型巷道顶板、底板及两帮位移[264],试验破坏过程用 NAC 高速摄像机进行记录。巷道顶板监测点 1#、2# 和 3# 分别为巷道顶板表面、巷道顶板 10 cm 处和巷道顶板 20 cm 处,巷道左帮 4#、5#、6# 和巷道右帮 7#、8# 分别为巷道左帮表面、巷道左帮 10 cm 处、巷道左帮 20 cm 处、巷道右帮表面和巷道右帮 10 cm 处位移监测点。

图 3-7 所示为压力传感器和声发射探头布置图。压力监测用压力传感器和 TST5928 动态信号分析系统监测巷道围岩应力分布状态[265],其中巷道顶底板左右两侧各布置 2 组、中间位置布置 1 组、巷道左右两帮各布置 2 组,共包含 14 个压力传感器,分别用于监测顶底板垂直应力及帮部水平应力,压力传感器间距离为 25 cm。声发射采用 8 通道 PCI-2 声发射系统监测巷道围岩破裂过程中的微震变化,探头分别布置在模型正面四角位置和巷道背面四角位置,用于监测模型破坏产生的信号,分析巷道围岩破裂演化过程,声发射采样频率为 500 kHz,阈值设置为 40 dB,谐振频率为 20 400 kHz,PDT、HDT 和 HLT 设定值分别为 50 μs、100 μs 和 300 μs。

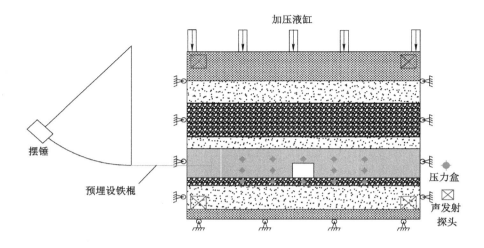

（a）巷道破坏试验布置图

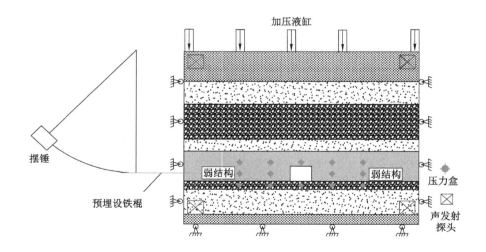

（b）弱结构吸能试验布置图

图 3-7 物理模拟试验布置图

NAC 高速摄像机则布置于模型正前方,调整相机高度与巷道位置齐平,便于记录动载作用时巷道围岩的变化情况。

相似模型试验加载系统及仪器布置如图 3-8 所示。

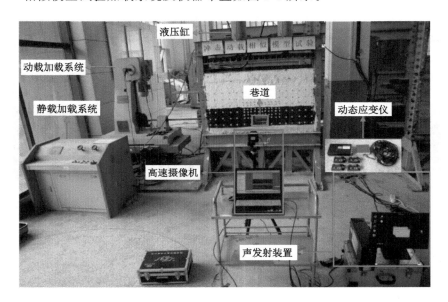

图 3-8　物理模拟试验仪器

3.2　巷道围岩冲击破坏特征

巷道模拟加载顺序如下:① 在模型上部施加 68.4 kN 的均布载荷,巷道周围基本无变化;② 摆锤升至 0.1 m,模拟能量为 2.42×10^4 J,巷道未出现变形,巷道出现微小裂痕;③ 摆锤升至 0.2 m,模拟能量为 4.85×10^4 J,巷道顶板出现微小裂纹;④ 摆锤升至 0.3 m,模拟能量为 6.53×10^4 J,巷道顶板裂隙进一步扩大,出现少量掉渣现象;⑤ 摆锤升至 0.4 m,模拟能量为 8.27×10^4 J,巷道靠近冲击震源侧左肩角掉渣严重,出现较大破坏;⑥ 摆锤升至 0.5 m,模拟能量为 1.21×10^5 J,巷道靠近冲击震源侧左肩角破坏严重,出现大块掉渣现象;⑦ 摆锤升至 0.6 m,模拟能量为 2.61×10^5 J,巷道靠近冲击震源侧左帮出现明显裂隙;⑧ 摆锤升至 0.7 m,模拟能量为 3.27×10^5 J,巷道底板出现较大裂痕;⑨ 摆锤升至 0.8 m,模拟能量为 4.94×10^5 J,巷道底板底鼓严重,底板裂隙较大,顶板裂隙进一步增加;⑩摆锤升至 0.9 m,模拟能量为 6.18×10^5 J,巷道掉渣明显,顶板离层较大,巷道破坏严重,无法使用;⑪摆锤升至 1.0 m,模拟能量为 8.42×10^5 J,巷道顶板离层进一步扩大,巷道完全破坏;⑫摆锤升至 1.1 m,模拟能量为 1.31×10^6 J,巷道完全摧毁,模型试验前后对比如图 3-9 所示。

（a）动载作用前　　　　　　　　　　　（b）动载作用后

图 3-9　动载作用试验破坏对比

3.2.1　巷道位移变化

（1）巷道顶板位移

表 3-7 所示为摆锤高度与顶板监测点位移变化量,不同摆锤高度下巷道顶板监测点 $1^\#$、$2^\#$ 和 $3^\#$ 位移量不同。

表 3-7　摆锤高度与顶板位移变化量

摆锤高度/m	0.0	0.1	0.2	0.3	0.4	0.5
模拟能量/J	0.0	2.42×10^4	4.85×10^4	6.53×10^4	8.27×10^4	1.21×10^5
$1^\#$/mm	0	0	0	5.1	7.9	10.6
$2^\#$/mm	0	0	0	0.3	0.9	4.8
$3^\#$/mm	0	0	0	0	0	2.5
摆锤高度/m	0.6	0.7	0.8	0.9	1.0	1.1
模拟能量/J	2.61×10^5	3.72×10^5	4.94×10^5	6.18×10^5	8.42×10^5	1.31×10^6
$1^\#$/mm	14.3	17.4	28.5	32.8	39.5	43.7
$2^\#$/mm	6.2	13.5	21.9	30.3	36.4	42.8
$3^\#$/mm	4.9	6.7	13.8	23.2	30.1	38.1

图 3-10 所示为摆锤高度与顶板监测点 1#、2# 和 3# 位移变化关系。当摆锤高度小于 0.5 m 时,相似模型巷道围岩自身裂隙、孔隙吸收部分能量,巷道顶板位移较小;当摆锤高度大于 0.5 m 时,顶板开始进入加速破坏阶段,顶板位移变化速率线性增加,巷道顶板出现离层,离层范围进一步扩大直到巷道完全破坏,巷道顶板最大位移为 43.7 mm,按照模型相似比计算,巷道实际顶板位移为 1.1 m 左右。

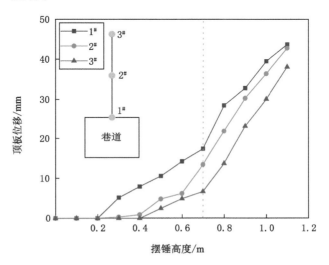

图 3-10 摆锤高度与顶板位移变化关系

（2）巷道帮部位移

对巷道左帮 4#、5#、6# 和巷道右帮 7#、8# 位移监测点进行分析,摆锤高度不同,冲击能量不同,不同监测点位移不同。

不同摆锤高度与巷道帮部监测点位移变化量见表 3-8。施加静荷载后巷道帮部位移较小,没有明显变形;当摆锤高度小于 0.5 m 时,冲击能量较小,巷道围岩裂隙吸收部分能量,巷道帮部位移变化量较小;当摆锤高度大于 0.5 m 时,随着摆锤高度增加,冲击能量增加,巷道帮部位移进入加速变化阶段,巷道左帮位移量变化较大,巷道右帮距离震源较远,位移量小于左帮。冲击能量越大,巷道破坏越严重。图 3-11 所示为摆锤高度与巷道帮部位移变化关系,冲击震源位于巷道左帮,左帮先受到冲击动载影响,巷道左帮位移大于右帮,巷道右帮距离震源较远,冲击震动波经过巷道围岩的衰减后,冲击能量减小,对巷道的影响减小。巷道左帮和右帮最大位移分别为 39.4 mm 和 19.9 mm,按照模拟相似比计算,巷道实际左帮和右帮位移为 0.98 m 和 0.50 m,与现场实际帮部变形相符。

表 3-8　摆锤高度与巷道帮部位移变化量

摆锤高度/m	模拟能量/J	4#	5#	6#	7#	8#
0.0	0	0	0	0	0	0
0.1	2.42×10^4	0	0	0	0	0
0.2	4.85×10^4	0	0	0	0	0
0.3	6.53×10^4	0	0	0	0	0
0.4	8.27×10^4	1.3	0.7	0.7	0	0
0.5	1.21×10^5	3.3	1.5	1.3	0	0
0.6	2.61×10^5	11.0	9.2	4.9	1.0	0.7
0.7	3.72×10^5	14.1	11.7	9.3	3.3	3.0
0.8	4.94×10^5	24.8	19.1	14.6	8.3	6.7
0.9	6.18×10^5	27.7	25.2	21.0	11.9	9.9
1.0	8.42×10^5	32.8	28.9	24.2	13.4	12.0
1.1	2.67×10^6	39.4	30.1	33.6	19.9	14.5

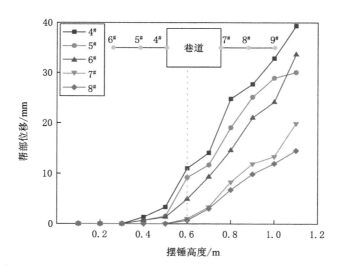

图 3-11　摆锤高度与巷道帮部位移变化关系

3.2.2　巷道应力特征

相似模拟试验动态信号分析系统数据采集以时间为单位,巷道开挖后施加初始应力,调整摆锤高度进行冲击,记录每次压力传感器监测的数据,不同冲击能量下巷道破坏情况不同,应力变化不同,巷道围岩顶板、底板和帮部应力变化规律如图 3-12~图 3-14 所示。

图 3-12~图 3-14 所示为摆锤高度与顶板垂直应力、底板垂直应力和帮部水平应力变化规律。在重力和上部静荷载作用下,巷道顶板垂直应力迅速增加后下降,巷道顶板中间垂直应力小于两侧,巷道的开挖使应力无法传递,导致底板应力较小,巷道两帮水平应力呈上升趋势;摆锤高度由 0.1 m 增加至 0.6 m,距离震源越近,巷道顶底板垂直应力越大,随着冲击能量增加,巷道底板应力增大;摆锤高度为 0.7~0.8 m 时,顶板垂直应力达到最大值,底板应力逐渐增加,帮部水平应力逐渐增加后保持不变;摆锤高度由 0.9 m 增加至 1.1 m,顶板垂直应力下降,由于动载作用下巷道遭受破坏出现大面积垮落,底板应力降低,由于底板破坏严重应力得到释放,随着摆锤高度增加,帮部水平应力增大,冲击震源位于左侧,左帮应力大于右帮。

3.2.3　声发射分析

声发射是固体材料(煤岩体或相似材料)破裂、破坏过程中积聚的内部能量释放而产生的声源信号,是研究煤岩体及相似材料内部破坏特征、预测结构失稳的有效手段。声发射定位及监测结果能够有效反映模型内部裂隙发育、扩展和贯通过程,对直观准确反映材料内部裂隙演化规律、定位破坏位置具有重要意义[266]。

(1)巷道破坏声发射定位结果

声发射能量监测及定位结果反映了巷道围岩冲击破坏程度及位置,图 3-15 所示为巷道冲击破坏过程中声发射定位结果,动载作用下巷道围岩破坏及声发射事件主要发生在巷道左帮、底板和顶板,巷道左帮离冲击震源近,使其最先受到冲击动载影响,底板岩性为泥岩导致巷道底板破坏严重,帮部和底板的破坏加速了顶板下沉。静荷载作用下声发射没有定位到声源信号,表明巷道只有微小裂纹未发生破坏;摆锤高度为 0.1~0.5 m,冲击能量较小,声发射监测到事件较小,巷道破坏较小;摆锤高度为 0.6~0.8 m,巷道底板声发射事件明显增加,巷道底板破坏严重;摆锤高度为 0.9 m,巷道底板和顶板监测到声发射事件数明显较多,巷道顶底板破坏严重;摆锤高度为 1.0 m,巷道顶板声

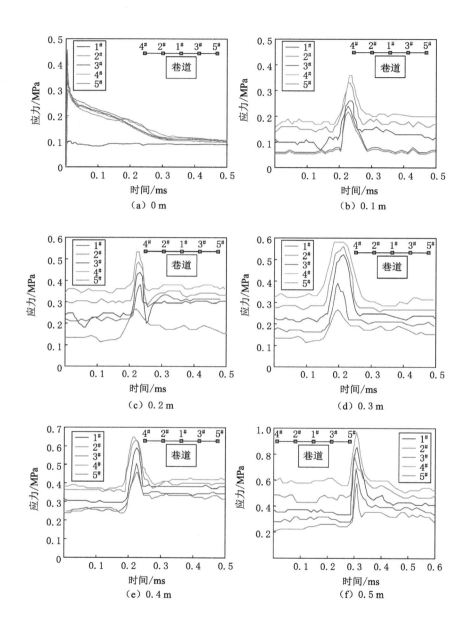

图 3-12 摆锤高度与顶板垂直应力变化规律

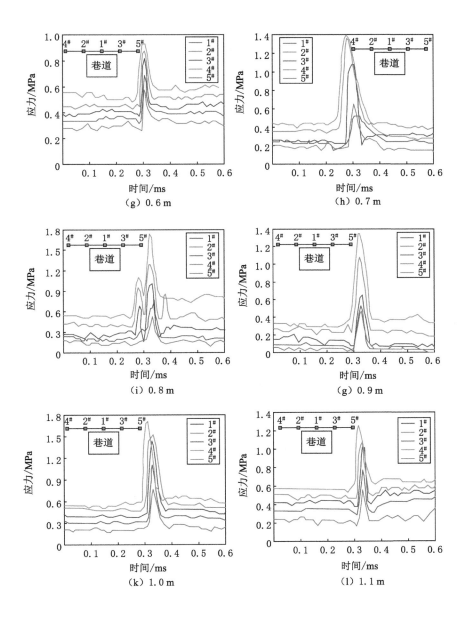

（g）0.6 m　　　　　（h）0.7 m

（i）0.8 m　　　　　（g）0.9 m

（k）1.0 m　　　　　（l）1.1 m

图 3-12　（续）

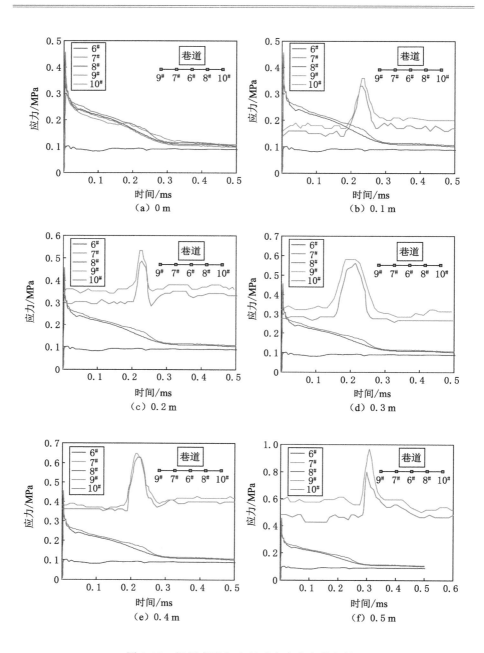

图 3-13 摆锤高度与底板垂直应力变化规律

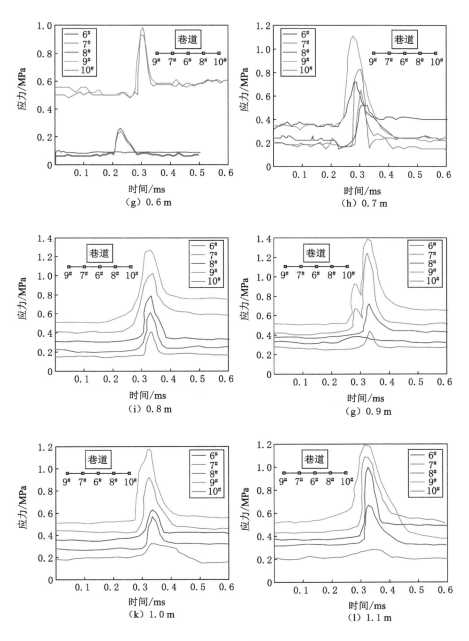

图 3-13　（续）

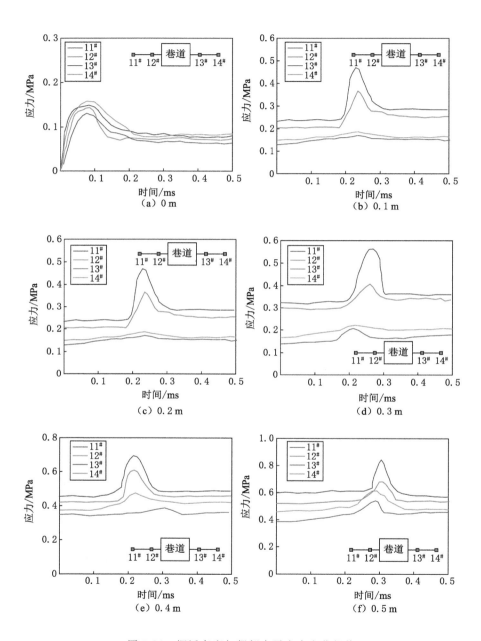

图 3-14 摆锤高度与帮部水平应力变化规律

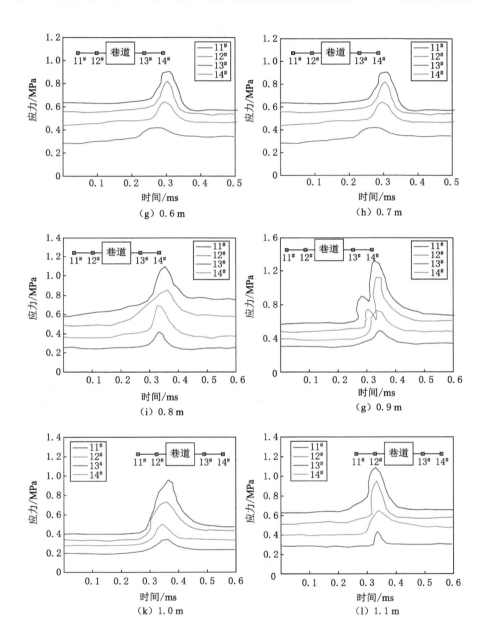

图 3-14 （续）

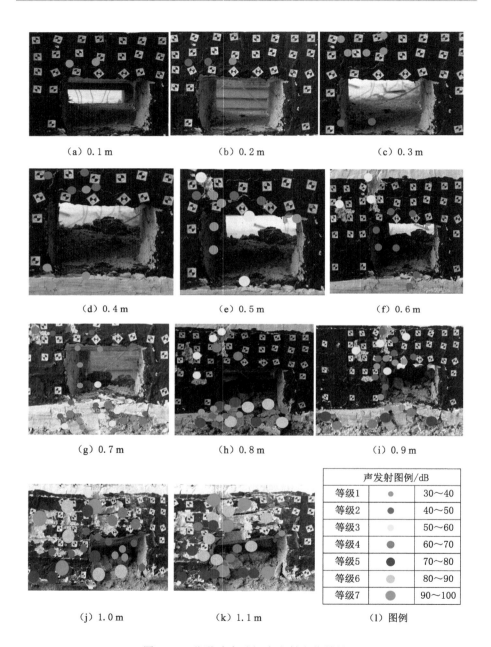

（a）0.1 m	（b）0.2 m	（c）0.3 m
（d）0.4 m	（e）0.5 m	（f）0.6 m
（g）0.7 m	（h）0.8 m	（i）0.9 m

声发射图例/dB		
等级1	●	30～40
等级2	●	40～50
等级3	●	50～60
等级4	●	60～70
等级5	●	70～80
等级6	●	80～90
等级7	●	90～100

（j）1.0 m	（k）1.1 m

（1）图例

图 3-15　巷道冲击破坏声发射定位结果

发射事件较多,顶板出现明显离层现象;摆锤高度为 1.1 m,巷道周围声发射事件密集,巷道发生垮塌。随着摆锤高度增加,冲击能量增加,监测到声发射事件增加,巷道破坏严重。

（2）声发射信号特征分析

声发射幅值反映了不同冲击能量下声发射信号强弱,信号强度与幅值成正比。振铃数是声发射监测中设置某一门槛值,信号超过设置门槛值,振铃数计数一次反映门槛值的振荡次数,幅值和振铃数越大说明巷道围岩破坏越严重,选取完整声发射监测信号和监测数据分析声发射幅值和振铃数。

图 3-16 所示为围岩冲击破坏声发射幅值和振铃数特征。摆锤高度为 0.1 m,未监测到大于 40 dB 幅值;摆锤高度为 0.2 m,声发射幅值集中于 40～60 dB,动载幅值平均值为 49 dB,声发射振铃数最大为 63;摆锤高度为 0.3 m,声发射幅值集中于 45～60 dB,动载幅值平均值为 52 dB,声发射振铃数最大为 280;摆锤高度为 0.4 m,声发射幅值集中于 40～65 dB,动载幅值平均值为 49 dB,声发射振铃数最大为 450;摆锤高度为 0.5 m,声发射幅值集中于 40～70 dB,动载幅值平均值为 56 dB,声发射振铃数最大为 520;摆锤高度为 0.6 m,声发射幅值集中于 45～70 dB,动载幅值平均值为 58 dB,声发射振铃数最大为 800;摆锤高度为 0.7 m,声发射幅值集中于 50～80 dB,动载幅值平均值为 64 dB,声发射振铃数最大为 800;摆锤高度为 0.8 m,声发射幅值主要集中于 50～100 dB,动载幅值平均值为 73 dB,声发射振铃数最大为 900;摆锤高度为 0.9 m,声发射幅值集中于 70～110 dB,动载幅值平均值为 83 dB,声发射振铃数最大为 1 050;摆锤高度为 1.0 m,声发射幅值主要集中于 70～120 dB,动载幅值平均值为 87 dB,声发射振铃数最大为 1 050;摆锤高度为 1.1 m,声发射幅值集中于 70～120 dB,动载幅值平均值为 95 dB,声发射振铃数最大为 1 100。随着摆锤高度的增加,冲击能量增加,声发射幅值和振铃数也随之增加,冲击能量越大,声发射信号越明显,巷道围岩冲击破坏越严重。

3.2.4　巷道冲击破坏特征

图 3-17 所示为不同冲击能量下巷道破坏过程裂隙分布素描图,摆锤高度不同,冲击能量不同,巷道裂隙分布不同。从巷道破坏形态可以看出,巷道顶板、左帮和底板产生较多裂纹、裂隙,巷道右帮距离震源较远,产生裂隙较少。随着摆锤高度的增加,巷道先在顶板处出现微小裂纹,巷道底板破坏程度增加,巷道左帮裂隙增加,底板和帮部的破坏加速了巷道顶板破裂,顶板出现较大裂隙及离层,直至巷道完全失稳垮塌。

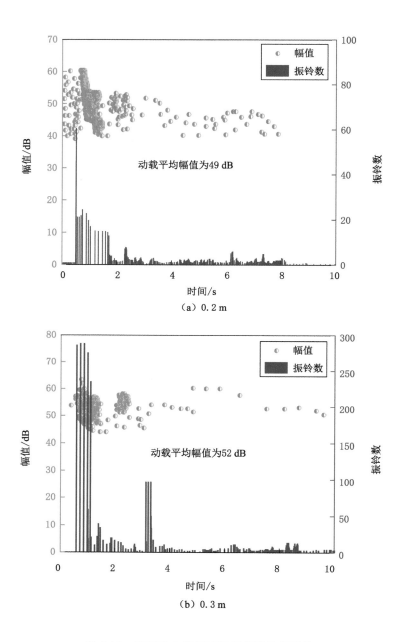

（a）0.2 m

（b）0.3 m

图 3-16　围岩冲击破坏声发射幅值和振铃数

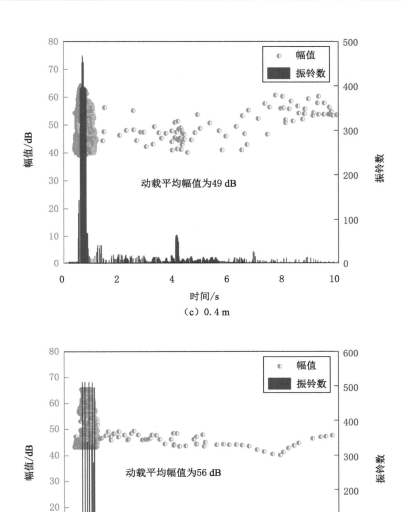

（c）0.4 m

（d）0.5 m

图 3-16　（续）

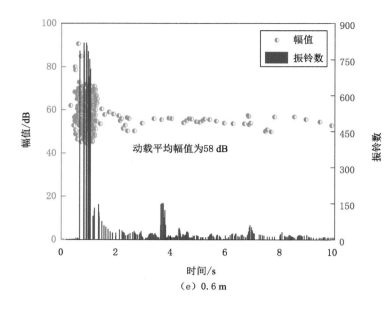

（e）0.6 m

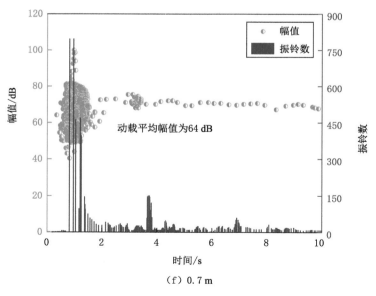

（f）0.7 m

图 3-16 （续）

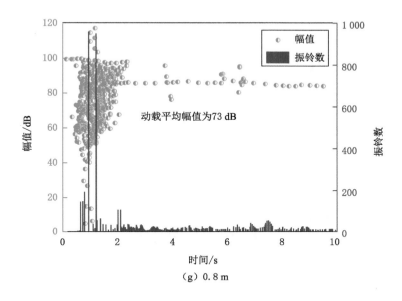

（g）0.8 m

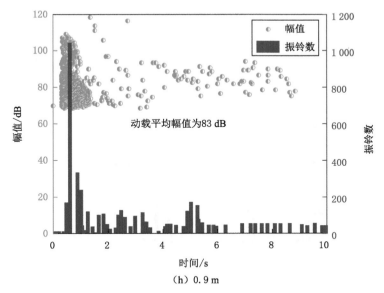

（h）0.9 m

图 3-16　（续）

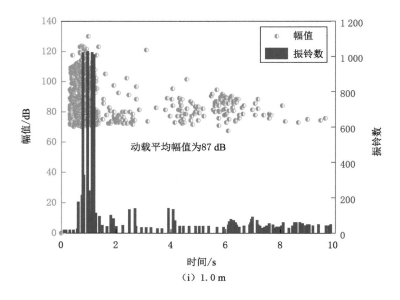

（i）1.0 m

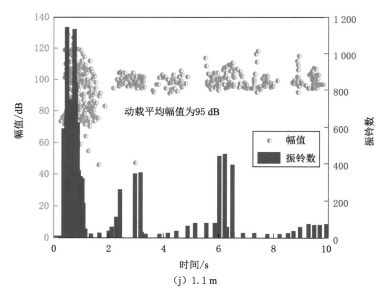

（j）1.1 m

图 3-16 （续）

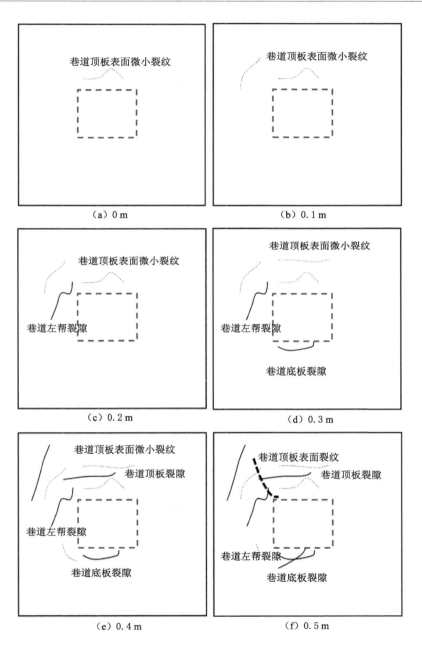

图 3-17　巷道冲击破坏裂隙分布规律

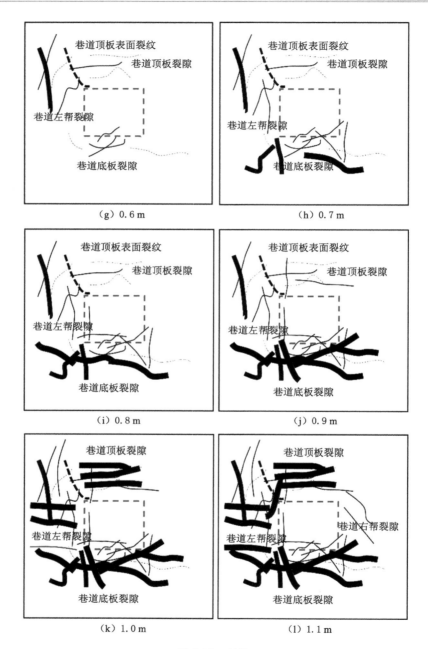

图 3-17 （续）

3.3　巷道围岩弱结构吸能特性

根据相似材料配比及用量（表 3-5），图 3-5（b）所示弱结构方案制作物理模型，试验过程中监测设备布置如图 3-7（b）所示，试验方案和试验过程与3.2.1小节相同。

根据动载作用下煤岩能量耗散规律可知，无围压动载作用下煤样平均单位体积吸能为 0.69 J/cm³，围压动载作用下煤样平均单位体积吸能为 0.61 J/cm³，计算煤样平均单位体积吸能为 0.65 J/cm³；无围压动载作用下岩样平均单位体积吸能为 0.58 J/cm³，围压动载作用下岩样平均单位体积吸能为 0.51 J/cm³，计算岩样平均单位体积吸能为 0.55 J/cm³。义马常村煤矿 21170 工作面微震监测显示最大能量为 $1.1 \times 10^6 \sim 5.5 \times 10^6$ J，卸压钻孔直径为 110～150 mm，研究发现卸压钻孔塑性区范围约为钻孔直径 10 倍，理想状态下煤岩冲击破裂后完全吸收微震监测最大能量需要范围 1.53～8.26 m，取平均值 5 m，本次模拟弱结构范围长为 5 m，弱结构高度为 2 m，宽为模型宽度，因此，弱结构尺寸设计为：长×宽×高＝200 mm×400 mm×80 mm，弱结构位置为距离两帮 400 mm。

3.3.1　设置巷道围岩弱结构位移变化

（1）设置巷道围岩弱结构顶板位移

设置巷道围岩弱结构，不同冲击能量巷道顶板监测点位移不同，表 3-9 所列为 $1'^{\#}$、$2'^{\#}$ 和 $3'^{\#}$ 巷道顶板监测点位移量，设置巷道围岩弱结构巷道顶板变化规律如图 3-18 所示。

表 3-9　设置弱结构摆锤高度与顶板位移变化量

摆锤高度/m	0.0	0.1	0.2	0.3	0.4	0.5
模拟能量/J	0.0	2.42×10^4	4.85×10^4	6.53×10^4	8.27×10^4	1.21×10^5
$1'^{\#}$/mm	0	0	0	0	0	1.2
$2'^{\#}$/mm	0	0	0	0	0	0.7
$3'^{\#}$/mm	0	0	0	0	0	0.6

表 3-9(续)

摆锤高度/m	0.6	0.7	0.8	0.9	1.0	1.1
模拟能量/J	2.61×10^5	3.72×10^5	4.94×10^5	6.18×10^5	8.42×10^5	1.31×10^6
$1'^\#$/mm	6.1	7.7	10.4	14.3	15.1	20.7
$2'^\#$/mm	4.0	5.9	7.3	11.7	13.4	17.1
$3'^\#$/mm	2.6	4.7	5.6	9.2	11.0	15.4

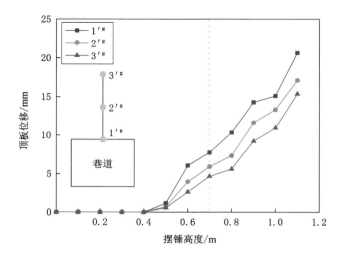

图 3-18   设置弱结构摆锤高度与顶板位移变化关系

设置巷道围岩弱结构,不同冲击能量下 $1^\#$、$2^\#$ 和 $3^\#$ 巷道顶板监测点位移量不同。摆锤高度小于 0.7 m,巷道围岩弱结构吸收冲击能量,巷道顶板未出现较大位移;摆锤高度大于 0.7 m,随着冲击能量增加,巷道围岩弱结构被密实吸能减小,巷道顶板监测点位移量增加较快,巷道未发生严重破坏,说明设置巷道围岩弱结构较好吸收了冲击能量。设置巷道围岩弱结构后,巷道顶板监测点最大位移为 20.7 mm,按照相似比计算巷道实际顶板位移为 0.52 m,与无弱结构作用下顶板监测点最大位移相比减少 52.6%。

（2）设置巷道围岩弱结构帮部位移

设置巷道围岩弱结构巷道帮部位移变化量不同,巷道左帮设置 $4^\#$、$5^\#$、$6^\#$ 和右帮 $7^\#$ 和 $8^\#$ 监测点。表 3-10 所列为设置巷道围岩弱结构摆锤高度与帮部位移变化量,设置巷道围岩弱结构摆锤高度与帮部位移变化关系如图 3-19 所示。

表 3-10　设置弱结构摆锤高度与帮部位移变化量

摆锤高度/m	模拟能量/J	$4'^{\#}$/mm	$5'^{\#}$/mm	$6'^{\#}$/mm	$7'^{\#}$/mm	$8'^{\#}$/mm
0.0	0	0.0	0.0	0.0	0.0	0.0
0.1	2.42×10^4	0.0	0.0	0.0	0.0	0.0
0.2	4.85×10^4	0.0	0.0	0.0	0.0	0.0
0.3	6.53×10^4	0.0	0.0	0.0	0.0	0.0
0.4	8.27×10^4	0.0	0.0	0.0	0.0	0.0
0.5	1.21×10^5	0.0	0.0	0.0	0.0	0.0
0.6	2.61×10^5	1.9	1.2	0.7	0.0	0.0
0.7	3.72×10^5	5.1	2.9	2.3	0.0	0.0
0.8	4.94×10^5	11.8	8.2	5.8	1.7	1.1
0.9	6.18×10^5	15.5	10.7	9.4	5.4	2.9
1.0	8.42×10^5	21.1	14.8	11.9	9.8	6.6
1.1	2.67×10^6	28.4	20.1	18.1	14.5	10.9

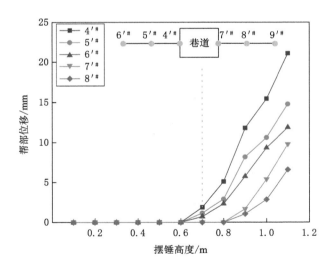

图 3-19　设置弱结构摆锤高度与帮部位移变化关系

冲击能量不同,设置巷道围岩弱结构帮部监测点位移量不同。施加静荷载,巷道帮部位移没有变化;摆锤高度为 0.1～0.6 m,巷道左帮和右帮监测点位移基本无变化;摆锤高度大于 0.7 m,巷道位移监测点位移增加速度较快,巷道左帮和右帮监测点最大位移量分别为 28.4 mm 和 14.5 mm,按照相似比计算,巷道实际左右帮位移分别为 0.71 m 和 0.36 m,设置巷道围岩弱结构可以有效吸收冲击能量,与无弱结构作用相比巷道位移分别减小 27.9% 和 27.1%,设置巷道围岩弱结构保护巷道不受冲击动载破坏。冲击震源位于巷道左帮,巷道左帮位移量明显大于右帮,巷道右帮距离震源较远,经过巷道围岩弱结构、巷道左帮衰减后,冲击能量减小,对巷道帮部监测点位移变化的影响减小。

3.3.2　设置巷道围岩弱结构应力特征

摆锤高度不同,冲击能量不同,设置巷道围岩弱结构不同监测点应力不同,巷道围岩顶板、底板和帮部应力监测点应力变化规律如图 3-20～图 3-22 所示。

图 3-20 所示为设置巷道围岩弱结构顶板垂直应力变化规律。模型上部施加静荷载,巷道顶板应力迅速增加后下降,巷道顶板左侧应力与右侧应力相近;摆锤高度由 0.1 m 增加至 0.7 m,巷道顶板垂直应力逐渐增加,设置巷道围岩弱结构吸收了冲击能量,使巷道顶板垂直应力增加速度减小,与无弱结构相比,巷道顶板垂直应力明显降低,巷道左侧距离震源较近,顶板垂直应力较大;摆锤高度由 0.8 m 增加至 1.1 m,巷道顶板应力先上升后下降,动载作用下巷道围岩弱结构被压实,失去了吸收冲击能量的作用,随着冲击能量增加,巷道应力增加,巷道遭受破坏后应力释放呈下降趋势。设置巷道围岩弱结构吸收了冲击能量,起到保护巷道不受冲击破坏的作用。

图 3-21 所示为设置巷道围岩弱结构不同冲击能量巷道底板垂直应力变化规律。在静荷载和重力作用下巷道底板左右两侧垂直应力呈增加趋势,巷道开挖影响了应力的传递,巷道底板中间位置垂直应力变化较小;摆锤高度由 0.1 m 增加至 0.6 m,巷道底板左右两侧垂直应力逐渐增加,巷道底板中间位置垂直应力始终小于左右两侧;摆锤高度由 0.7 m 增加至 1.1 m,巷道底板垂直应力增加趋于平缓,巷道围岩弱结构吸收了不同摆锤高度下的冲击能量,巷道底板垂直应力增加缓慢,巷道破坏较小,巷道未出现严重破坏,巷道围岩应力未出现迅速减小现象。

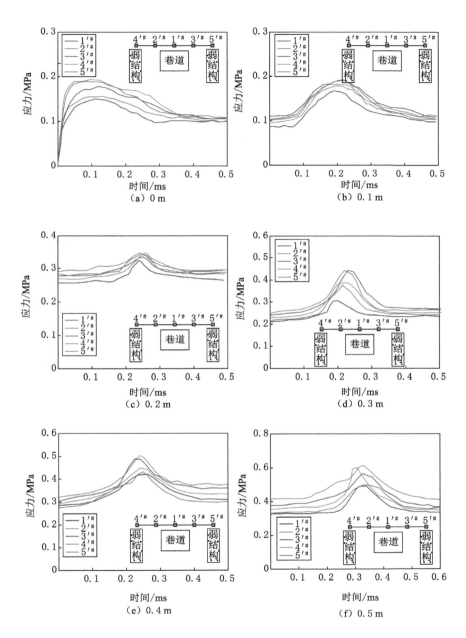

图 3-20　设置弱结构顶板垂直应力变化规律

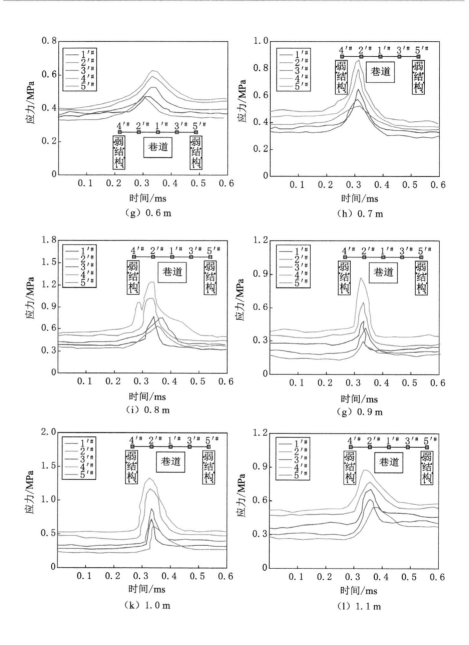

图 3-20 （续）

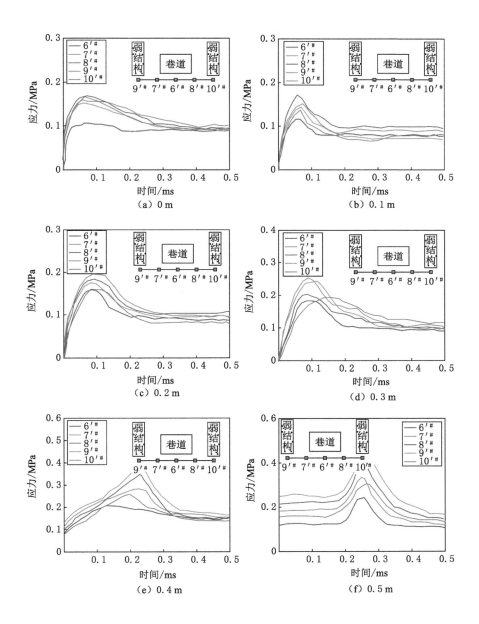

图 3-21 设置弱结构底板垂直应力变化规律

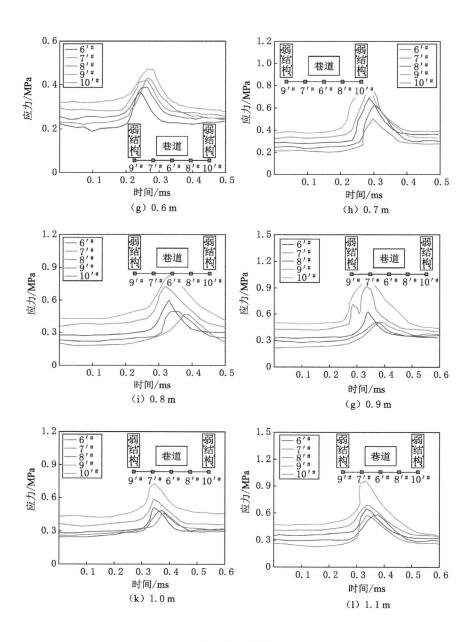

图 3-21 （续）

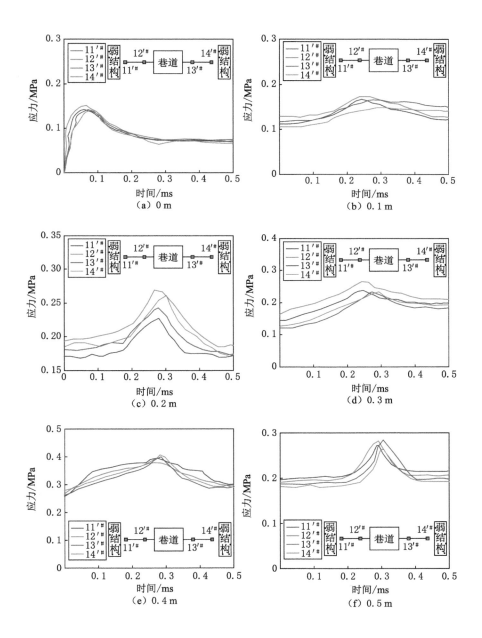

图 3-22　设置弱结构帮部水平应力变化规律

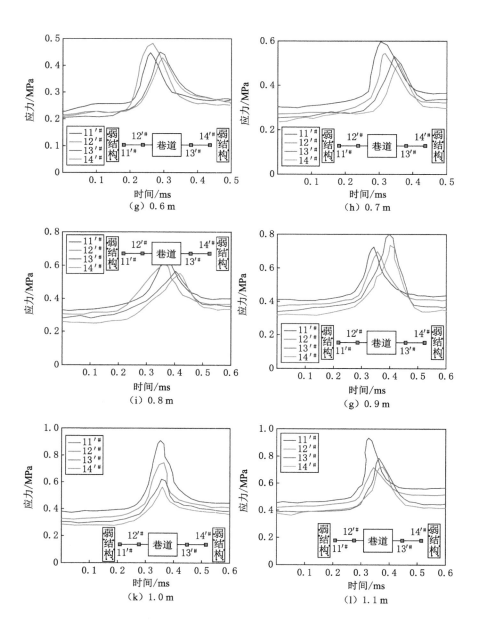

图 3-22 （续）

图 3-22 所示为设置巷道围岩弱结构不同冲击能量帮部水平应力变化规律。施加静荷载，巷道两帮水平应力迅速增加；摆锤高度由 0.1 m 增加至 0.7 m，巷道两帮水平应力呈增加趋势，设置巷道围岩弱结构吸收了冲击能量，应力增加趋势较小；摆锤高度由 0.8 m 增加至 1.1 m，动载作用下巷道围岩弱结构被压实，吸收冲击能量减小，巷道两帮水平应力增加较快。随着摆锤高度增加，冲击能量增加，弱结构压实后吸收冲击能量减小，巷道两侧应力呈增长趋势，设置弱结构巷道未出现严重破坏，巷道两帮应力未出现明显的减小趋势。

3.3.3　设置巷道围岩弱结构声发射分析

（1）设置巷道围岩弱结构声发射定位结果

图 3-23 所示为设置巷道围岩弱结构声发射定位结果，声发射破坏定位只发生在巷道周围表面范围，巷道未发生严重破坏，声发射监测到的事件较小，声发射振铃数较少。摆锤高度为 0～0.4 m，巷道未发生破坏，声发射监测到声源信号小于 40 dB；摆锤高度为 0.5 m，巷道底板出现微小裂隙，底板监测到声发射事件较小；摆锤高度为 0.6 m，巷道未出现严重破坏现象，声发射事件小于 50 dB；摆锤高度为 0.7 m，巷道左帮与底板声发射事件小于 50 dB，声发射振铃数增多；摆锤高度为 0.8 m，巷道底板出现裂隙，底板处声发射事件小于 60 dB，声发射振铃增多；摆锤高度为 0.9 m，巷道底板出现破坏，巷道顶板和帮部没有出现明显裂隙，声发射事件较小，声发射振铃数增多；摆锤高度为 1.0 m，巷道左帮出现裂隙，底板出现明显的裂隙和底鼓现象，左帮声发射事件小于 50 dB，底板声发射事件小于 60 dB；摆锤高度为 1.1 m，巷道底板破坏严重，巷道底板声发射事件小于 60 dB，声发射振铃数增多，巷道帮部与顶板未出现明显裂隙和破坏。通过以上分析表明，设置巷道围岩弱结构，随着摆锤高度增加，冲击能量增加，声发射事件增加幅度较小，巷道未出现明显破坏。

（2）设置巷道围岩弱结构声发射信号特征

图 3-24 所示为设置巷道围岩弱结构声发射幅值和振铃数特征，随着摆锤高度增加，冲击能量增加，设置巷道围岩弱结构监测到声发射幅值和振铃数增加程度减小，说明弱结构吸收了冲击能量，保护巷道不受动载破坏。摆锤高度为 0～0.5 m，声发射幅值小于 40 dB，未采集到声发射幅值和振铃

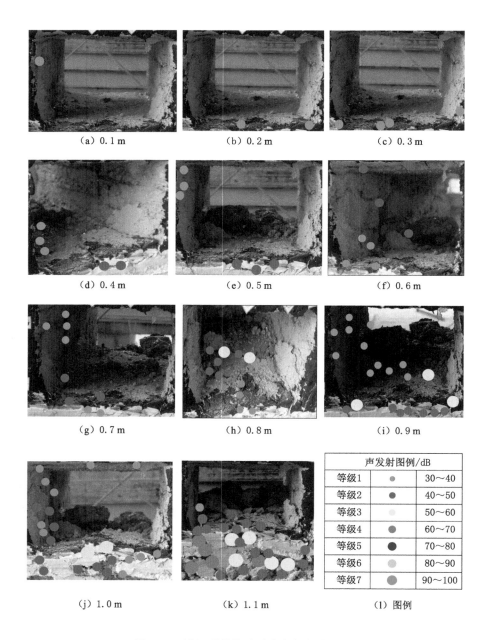

图 3-23　设置弱结构巷道声发射定位结果

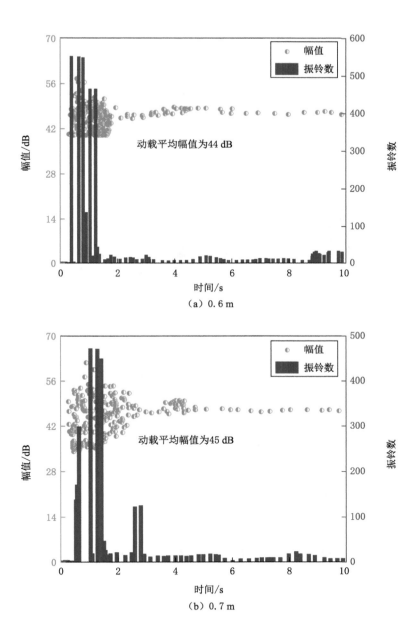

图 3-24　设置弱结构声发射幅值和振铃数特征

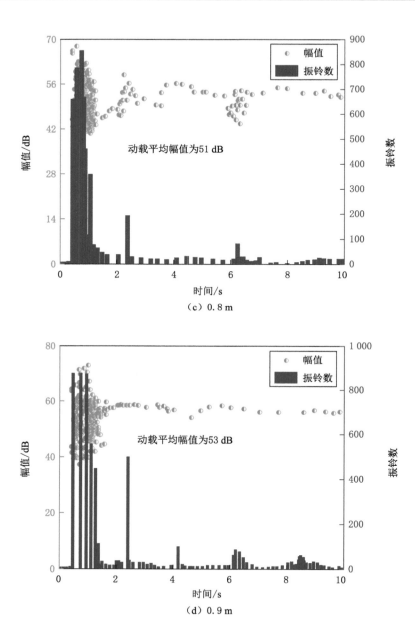

（c）0.8 m

（d）0.9 m

图 3-24 （续）

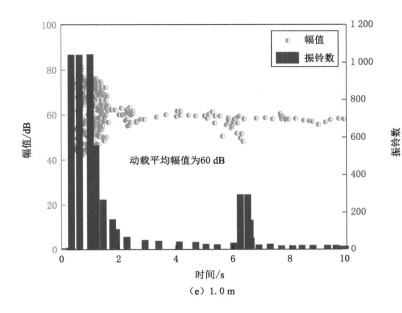

（e）1.0 m

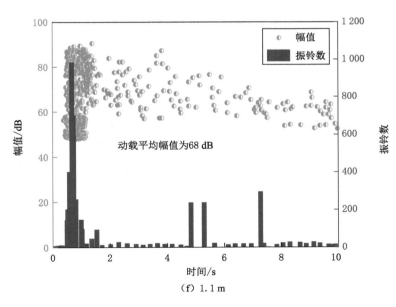

（f）1.1 m

图 3-24　（续）

数;摆锤高度为 0.6 m,声发射幅值主要集中于 40～50 dB,动载幅值平均值为 44 dB,声发射振铃数最大为 550;摆锤高度为 0.7 m,声发射幅值主要集中于 40～55 dB,动载幅值平均值为 45 dB,声发射振铃数最大为 450;摆锤高度为 0.8 m,声发射幅值主要集中于 40～60 dB,动载幅值平均值为 51 dB,声发射振铃数最大为 800;摆锤高度为 0.9 m,声发射幅值主要集中于 40～70 dB,动载幅值平均值为 53 dB,声发射振铃数最大为 900;摆锤高度为 1.0 m,声发射幅值主要集中于 40～80 dB,动载幅值平均值为 60 dB,声发射振铃数最大为 1 000;摆锤高度为 1.1 m,声发射幅值主要集中于 45～85 dB,动载幅值平均值为 68 dB,声发射振铃数最大为 1 000。随着冲击能量增加,巷道围岩弱结构吸收了冲击能量,声发射幅值明显降低,振铃数减少,保护巷道围岩不受冲击破坏。

3.3.4　设置巷道围岩弱结构裂隙特征

图 3-25 所示为设置巷道围岩弱结构不同冲击能量下巷道裂隙特征。摆锤高度不同,冲击能量不同,巷道裂隙发育情况不同,设置巷道围岩弱结构后在巷道围岩表面出现微小裂纹、裂隙,巷道底板出现较大裂隙,未发生明显破坏及巷道垮塌现象。

施加静荷载巷道表面未出现裂纹、裂隙。摆锤高度为 0.1 m 时,巷道底板表面处出现微小裂纹;摆锤高度为 0.2 m 时,巷道底板表面处的微小裂纹继续增多;摆锤高度为 0.3 m 时,巷道底板表面微小裂纹继续增多,巷道未出现裂隙破坏;摆锤高度为 0.4 m 时,巷道底板出现裂隙,巷道未出现严重破坏;摆锤高度为 0.5 m 时,巷道左帮表面出现微小裂纹,巷道底板左侧出现裂隙,未出现巷道整体变形破坏;摆锤高度为 0.6 m 时,巷道左帮出现较小裂隙,巷道底板裂隙继续增加,巷道未出现变形失稳;摆锤高度为 0.7 m 时,巷道底板裂隙继续增加;摆锤高度为 0.8 m 时,巷道底板处的裂隙继续增加,巷道底板出现较大裂隙;摆锤高度为 0.9 m 时,巷道顶板的裂隙演化扩展,巷道未出现失稳性破坏;摆锤高度为 1.0 m 时,巷道底鼓越来越严重;摆锤高度为 1.1 m 时,巷道底板的裂隙越来越大,巷道底板破坏严重。随着冲击能量增加,设置巷道围岩弱结构巷道未出现严重破坏失稳现象,巷道底板破坏严重,巷道顶板和两帮表面出现微小裂隙,巷道围岩弱结构吸收了冲击能量,较好保护了巷道不受冲击破坏。

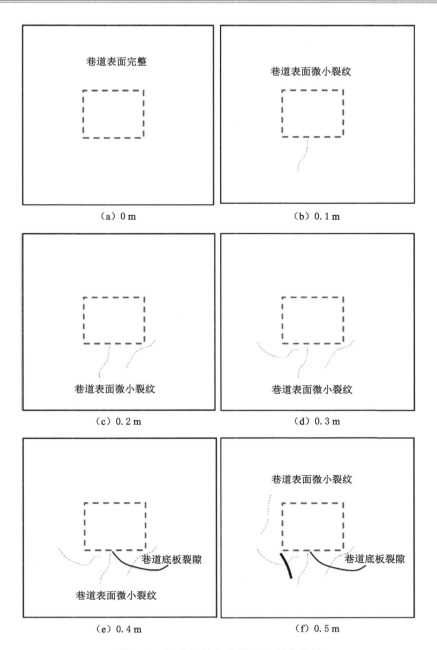

（a）0 m

巷道表面完整

（b）0.1 m

巷道表面微小裂纹

（c）0.2 m

巷道表面微小裂纹

（d）0.3 m

巷道表面微小裂纹

（e）0.4 m

巷道底板裂隙

巷道表面微小裂纹

（f）0.5 m

巷道表面微小裂纹

巷道底板裂隙

图 3-25　设置弱结构巷道围岩裂隙特征

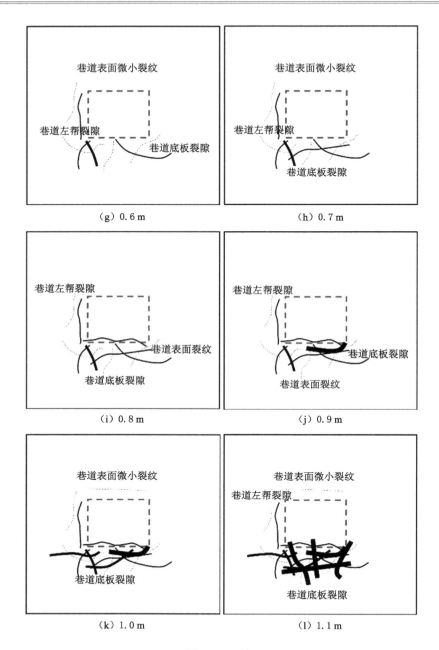

（g）0.6 m （h）0.7 m

（i）0.8 m （j）0.9 m

（k）1.0 m （l）1.1 m

图 3-25 （续）

3.4　巷道围岩弱结构吸能组成

物理模拟试验对比分析了有无弱结构两种情况下巷道围岩特征,摆锤高度不同,冲击能量不同,巷道围岩裂隙发育和破坏不同。通过摆锤高度分别为 0.5 m、0.8 m 和 1.1 m 时巷道位移、应力和声发射特征,对比分析动载作用下巷道围岩弱结构能量吸收效果,揭示巷道围岩弱结构吸能防冲特性及组成。

3.4.1　位移对比分析

摆锤高度分别为 0.5 m、0.8 m 和 1.1 m 时有无巷道围岩弱结构顶板和帮部位移对比见表 3-11 和表 3-12。巷道位移监测位置 1# 为巷道顶板表面,2# 为巷道顶板 10 cm 处,3# 为巷道顶板 20 cm 处,4# 为巷道左帮表面,7# 为巷道右帮表面。以摆锤高度为 0.8 m、冲击能量为 4.94×10^5 J 为例,无弱结构时巷道顶板 1#、2# 和 3# 监测点表面位移分别为 28.5 mm、21.9 mm 和 13.8 mm,设置巷道围岩弱结构顶板监测点表面位移分别为 10.4 mm、7.3 mm 和 5.6 mm,顶板监测点位移量降低率分别为 63.5%、66.7% 和 52.6%。无弱结构巷道两帮监测点表面位移分别为 24.8 mm 和 8.3 mm,设置巷道围岩弱结构两帮监测点表面位移分别为 11.8 mm 和 1.7 mm,两帮监测点表面位移降低率分别为 52.4% 和 79.5%。设置巷道围岩弱结构,顶板位移降低率平均为 60.9%,两帮表面位移降低率平均为 66%,巷道围岩弱结构有效保护了巷道不受冲击破坏。巷道围岩弱结构可以吸收不同摆锤高度下的冲击能量,随着冲击能量的增加,巷道围岩弱结构被压实,位移降低率减小,能量吸收效果减弱。

表 3-11　顶板表面位移对比

摆锤高度/m	0.5			0.8			1.1		
位置	1#	2#	3#	1#	2#	3#	1#	2#	3#
无弱结构/mm	10.6	4.8	2.5	28.5	21.9	13.8	43.7	42.8	38.1
设置弱结构/mm	1.2	0.7	0.6	10.4	7.3	5.6	20.7	17.1	15.4
降低率	88.7%	85.4%	76%	63.5%	66.7%	59.4%	52.6%	60.0%	59.6%

表 3-12 帮部表面位移

摆锤高度/m	0.5		0.8		1.1	
位置	4#	7#	4#	7#	4#	7#
无弱结构/mm	3.3	0	24.8	8.3	39.4	19.9
设置弱结构/mm	0	0	11.8	1.7	28.4	14.5
降低率	—	—	52.4%	79.5%	38.7%	27.1%

3.4.2 应力对比分析

摆锤高度分别为 0.5 m、0.8 m 和 1.1 m,有无巷道围岩弱结构巷道顶板、底板和帮部应力对比见表 3-13~表 3-15。应力监测点 1# 为巷道顶板中间位置,4# 为巷道顶板靠近震源位置,5# 为巷道顶板远离震源位置,6#、9# 和 10# 为巷道底板相同位置,12# 和 13# 分别为巷道左帮和右帮位置。以摆锤高度 0.8 m 为例,无弱结构顶板垂直应力分别为 1.01 MPa、1.74 MPa 和 0.88 MPa,设置巷道围岩弱结构顶板垂直应力分别为 0.77 MPa、1.24 MPa 和 0.53 MPa,降低率为 23.8%、28.7% 和 35.4%。无弱结构底板垂直应力分别为 0.79 MPa、1.27 MPa 和 0.41 MPa,设置巷道围岩弱结构底板垂直应力分别为 0.60 MPa、0.82 MPa 和 0.47 MPa,降低率为 24.1% 和 19.3%。无弱结构帮部水平应力分别为 1.09 MPa 和 0.86 MPa,设置巷道围岩弱结构巷道帮部水平应力分别为 0.65 MPa 和 0.61 MPa,降低率为 40.4% 和 29.0%。设置巷道围岩弱结构,巷道顶板、底板和帮部应力分别减小 29.3%、21.7% 和 34.7%,巷道围岩弱结构吸收冲击能量,有效减小了巷道围岩应力。无弱结构时,冲击能量较大,巷道破坏严重,应力释放,顶板垂直应力和底板垂直应力较小。随着冲击能量增加,动载作用下弱结构被压密压实,失去了吸能作用,导致巷道周围应力增加,巷道在动载作用下发生破坏,应力瞬间释放,存在应力减小的情况。

表 3-13 顶板垂直应力对比

摆锤高度/m	0.5			0.8			1.1		
位置	1#	4#	5#	1#	4#	5#	1#	4#	5#
无弱结构/MPa	0.86	0.97	0.58	1.01	1.74	0.88	0.71	1.26	0.56
设置弱结构/MPa	0.49	0.60	0.50	0.77	1.24	0.53	1.01	0.88	0.54
降低率	43.0%	38.1%	13.8%	23.8%	28.7%	39.8%	—	30.2%	3.6%

表 3-14　底板垂直应力对比

摆锤高度/m	0.5			0.8			1.1		
位置	6#	9#	10#	6#	9#	10#	6#	9#	10#
无弱结构/MPa	0.10	0.97	0.46	0.79	1.27	0.41	1.0	1.19	0.29
设置弱结构/MPa	0.24	0.43	0.30	0.60	0.82	0.47	0.64	0.96	0.57
降低率	—	55.7%	34.8%	24.1%	35.4%	—	36.0%	19.3%	—

表 3-15　帮部水平应力对比

摆锤高度/m	0.5		0.8		1.1	
位置	12#	13#	12#	13#	12#	13#
无弱结构/MPa	0.84	0.68	1.09	0.86	1.09	0.95
设置弱结构/MPa	0.27	0.28	0.65	0.61	0.93	0.72
降低率	67.9%	58.8%	40.4%	29.0%	14.7%	24.2%

3.4.3　声发射特征对比分析

声发射可以有效反映巷道冲击作用下的破坏过程。摆锤高度分别为 0.5 m、0.8 m 和 1.1 m,有无弱结构声发射特征对比见表 3-16。摆锤高度为 0.5 m 时,动载作用下声发射幅值和振铃数降低率分别为 28.6% 和 32.7%;摆锤高度为 0.8 m 时,动载作用下声发射幅值和振铃数降低率分别为 30.1% 和 11.1%;摆锤高度为 1.1 m 时,动载作用下声发射幅值和振铃数降低率分别为 28.4% 和 9.1%。随着摆锤高度增加,冲击能量增加,设置巷道围岩弱结构声发射幅值和振铃数减小,巷道围岩弱结构可以有效吸收冲击能量,维护巷道稳定。

表 3-16　声发射对比

摆锤高度/m	0.5		0.8		1.1	
	幅值	振铃数	幅值	振铃数	幅值	振铃数
无弱结构	56	520	73	900	95	1 100
设置弱结构	40	350	51	800	68	1 000
降低率	28.6%	32.7%	30.1%	11.1%	28.4%	9.1%

3.4.4　巷道围岩弱结构吸能作用

巷道围岩弱结构主要通过致裂煤岩体形成裂隙吸收冲击能量,煤岩体致裂形成的弱结构通过压缩和进一步破裂耗散大部分冲击能,剩余少量能量由支护结构吸收。致裂形成的巷道围岩弱结构具有良好的吸能防冲功能,主要因为弱结构在弹性变形、压缩变形和屈服变形中吸收部分能量,弱结构间隙与孔隙的压密吸收部分能量以及弱结构裂隙-孔隙间的相互摩擦吸收部分能量。

煤岩体致裂形成的巷道围岩弱结构具有吸收冲击能量的作用,在冲击高应力巷道中,巷道围岩弱结构吸收冲击能量是复杂的能量耗散过程。试验研究表明[267-268],致裂的煤岩颗粒大小和巷道围岩弱结构厚度对吸能效果和应力波衰减有重要影响。

图 3-26 为巷道围岩弱结构吸能作用示意图。

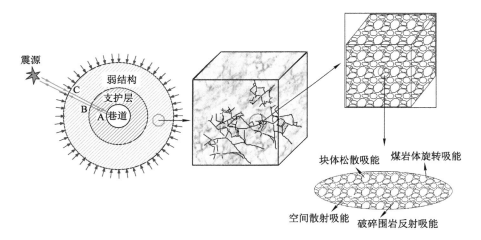

图 3-26　巷道围岩弱结构吸能作用

巷道围岩弱结构吸能作用主要表现为以下四个方面[269]:

① 弱结构块体松散吸能 E_1:动载冲击波在致裂煤岩体中传播比在致密煤岩体传播所用时间长,导致冲击波和振动波波速降低,冲击能量减少。

② 致裂煤岩体旋转吸能 E_2:动载冲击波在致裂煤岩体破碎区域传播,致裂破碎煤岩体会发生反转与移动,将冲击能量转化为致裂破碎煤岩体的动能,从而使冲击能量减小。

③ 空间散射吸能 E_3:动载冲击波在传播时向煤岩体致裂形成的破碎区域四周散射,在松散区域不断扩展,使动载冲击波的强度降低。

④ 破碎围岩反射吸能 E_4:动载冲击波在致裂破碎区域传播,与破裂煤岩体会发生反射与透射现象,动载冲击波经过反射、透射和散射后逐渐减少。

致裂煤岩体形成的巷道围岩弱结构区域吸收总能量为 $E_p = E_1 + E_2 + E_3 + E_4$。根据能量守恒定律,动载冲击波经致裂煤岩体形成的巷道围岩弱结构进入支护结构,动载冲击能将转化为支护结构的动能、弹性能及巷道围岩弱结构的吸收能。巷道围岩弱结构吸收能量越大,传递到支护结构的动能越小,巷道围岩越稳定。

$$E_r - E_p < E_{min} \tag{3-11}$$

式中 E_r——动载冲击能,J;

　　　E_p——巷道围岩弱结构吸收总能量,J;

　　　E_{min}——支护结构抵抗最小能量,J。

3.5 本章小结

本章通过冲击动载相似物理模型试验架,利用声发射、压力传感器和高速摄像机等设备,研究了不同冲击能量下巷道围岩破坏特征和能量演化规律,分析了动载作用下巷道破坏过程和设置弱结构吸能特性,揭示动载作用下巷道围岩破坏机理及弱结构吸能组成,结论如下:

① 以义马常村煤矿 21170 运输巷为背景,根据物理模型几何比 1:25 和应力比确定了相似模型材料为砂子、石膏、碳酸钙和云母粉,设计物理模型试验对比分析了不同冲击能量下有无弱结构巷道围岩破坏过程及规律。

② 分析了无弱结构巷道位移、应力、声发射演化规律。随着冲击能量增加,巷道表面位移、应力和声发射特征值逐渐增加,巷道破坏特征明显,巷道先在顶板处出现微小裂纹,随后巷道底板破坏程度增加,最后巷道顶板出现较大裂隙及离层,巷道完全破坏。巷道顶板、左帮和右帮位移量最大分别为 43.7 mm、39.4 mm 和 19.9 mm,对应巷道实际位移分别为 1.1 m、0.98 m 和 0.50 m。

③ 研究了不同冲击能量下设置巷道围岩弱结构巷道表面位移、应力分布规律和声发射特征,巷道顶板、左帮和右帮最大位移分别为 20.7 mm、28.4 mm 和 14.5 mm,对应巷道实际位移分别为 0.52 m、0.71 m 和 0.36 m,设置巷道围岩弱结构可以有效吸收冲击能量,与无弱结构相比巷道位移、应力和声发

射特征明显减小。

④ 对比分析了有无弱结构巷道位移、应力和声发射特征，设置巷道围岩弱结构，顶板和帮部位移分别减小 60.9％和 66％，顶板、底板和帮部应力分别减小 29.3％、21.7％和 34.7％，设置巷道围岩弱结构有效吸收冲击能量，维护巷道稳定。

⑤ 巷道围岩弱结构吸收的能量主要为块体松散吸能、煤岩体旋转吸能、空间散射吸能和破碎围岩反射吸能。巷道围岩弱结构吸收能量越大，传递到支护结构的能量越小，巷道围岩越稳定。

第4章 巷道围岩弱结构吸能防冲力学机理

弱结构可以有效吸收冲击能量,保护巷道不受冲击破坏。动载作用下弱结构对冲击波的传播产生波动效应,本章对弱结构吸能防冲影响因素和机理进行研究,分析应力波在弱结构区域传播及衰减特性,基于一维弹性波理论和动量守恒定律,分析弱结构中应力波的散射、衰减及弱结构吸能防冲影响因素,结合 PFC 颗粒流软件对弱结构主要影响因素进行分析,进一步揭示弱结构吸能防冲机理。

4.1 巷道围岩弱结构吸能防冲力学模型

4.1.1 力学模型假设

地震、爆炸和冲击等引起的冲击波传播具有破坏强、强度大和时间短等特点,冲击波在巷道围岩弱结构传播会有不同散射和反射作用,将弱结构中冲击波传播简化为一维弹性波传播,以一维弹性波的透射、散射和反射相互作用为出发点,分析弱结构中弹性波的衰减规律和透射、反射消耗原理。

一维弹性波假设[270]:

① 平面假设:假设应力波在弱结构平面上传播受均匀分布的应力影响,应力传播过程中各假设的平面相互平行,应力波在传播过程中只与时间成正比,即弱结构中应力波的传播满足一维圆杆应力问题。

② 不考虑横向应变:由于材料泊松比为正,当应力波作用于弱结构假设的平面时会引起材料横向变形,即引起材料的横向位移等变量的变化,假设材料横向变形很小,忽略不计。

③ 材料变化与应变率无关:材料位移、强度等参数与应变率都存在一定的关系,假设弱结构为敏感材料,即应力波传播与应变率无关。

4.1.2 一维弹性波理论模型

图 4-1 所示为巷道围岩弱结构冲击波传播模型,长度分别为 s_1、s_2,单位面积质量为 m_1、m_2 的弱结构,弱结构右侧施加一个速度为 v_0 的冲击波,冲击波在弱结构传播过程中,由弱结构 A 传播到弱结构 A' 时,冲击波速度由 v_i 变为 v_t。根据简化的弱结构冲击波传播模型,当冲击波作用于弱结构 A 时,在弱结构 A 表面产生向左传播的加载波,在任意 t 时刻,波传入弱结构 A',波的传播过程中假设位于波前面的弱结构 A'' 未被冲击波影响,不会发生弹塑性变形[271]。

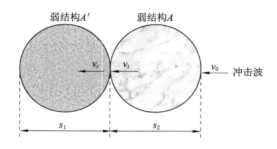

弱结构A'　　弱结构A

v_t　v_i　v_0　冲击波

s_1　　s_2

图 4-1　弱结构区域冲击波传播模型

图 4-2(a)所示为弱结构区域应力波传播示意图,冲击波进入弱结构后,任意时刻 t 冲击波进入其他弱结构(区域)。图 4-2(b)所示为 t 时间应力波波形,冲击波进入弱结构,速度变为 v_i,应变由 0 变为 ε_i,应力为 σ_i,当应力波由弱结构 A 传播到弱结构 A' 时,速度变为 v_t,应变为 0,应力为 σ_t。

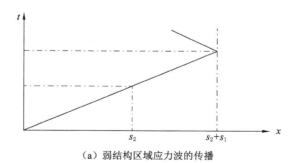

t

s_2　　s_2+s_1　x

(a)弱结构区域应力波的传播

图 4-2　弱结构区域应力波形图

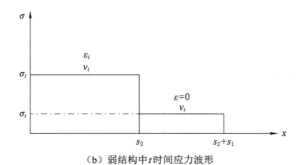

（b）弱结构中 t 时间应力波形

图 4-2　（续）

4.2　巷道围岩弱结构应力波传播规律

图 4-3(a)所示为假设的一个初始长度为 s_0，质量为 m_0，截面积为 A_0 的弱结构，当冲击波以初始速度 v_0 作用于弱结构时，冲击波会在弱结构区域进行传播，产生反射、透射和散射等现象。冲击波在弱结构中传播其应力瞬间升高至 σ_c，如图 4-3(b)显示了 t 时刻弱结构状态，在 $t+\Delta t$ 时刻弱结构状态如图 4-3(c)所示，其重叠部分为冲击波在 Δt 时刻内弱结构的变化[272]，冲击波在弱结构区域传播满足运动方程和动量守恒方程。

弱结构未变形长度 s 为：

$$s_0 = u + x + s \tag{4-1}$$

式中　s_0——弱结构初始长度，m；

　　　　u——t 时刻弱结构变形量，m；

　　　　x——弱结构破碎长度，m。

对式(4-1)两边求导得：

$$\frac{\mathrm{d}s}{\mathrm{d}t} = -\frac{\mathrm{d}(u+x)}{\mathrm{d}t} = -\left(\frac{\mathrm{d}u}{\mathrm{d}t} + \frac{\mathrm{d}x}{\mathrm{d}t}\right) \tag{4-2}$$

定义弱结构应变为：

$$\varepsilon = \frac{u}{u+x} \tag{4-3}$$

$$\gamma = \frac{x}{x+u} \tag{4-4}$$

由式(4-3)和式(4-4)得：

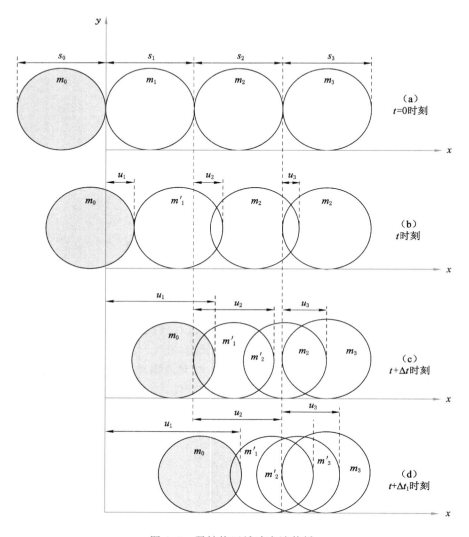

图 4-3 弱结构区域冲击波传播

$$\gamma = 1 - \varepsilon \qquad (4-5)$$

进一步化简得：

$$x = \frac{1 - \varepsilon}{\varepsilon} u = \frac{\gamma}{1 - \gamma} u \qquad (4-6)$$

冲击波的速度：

$$v_1 = \frac{\mathrm{d}x}{\mathrm{d}t} \tag{4-7}$$

进一步计算得:

$$v_1 = \frac{\gamma}{1-\gamma} \frac{\mathrm{d}u}{\mathrm{d}t} = \frac{\gamma}{1-\gamma} v_0 = \frac{\varepsilon}{1-\varepsilon} v_0 \tag{4-8}$$

通过弱结构区域冲击波速度逐渐减小。

(1) 弱结构压实区域动量守恒

冲击 Δt 时刻后,冲击波在弱结构中的位移为 Δx,弱结构 Δx 区域质量为:

$$\Delta m = \rho A_0 v_1 \Delta t = \rho A_0 \Delta t \frac{1-\varepsilon}{\varepsilon} v_0 \tag{4-9}$$

根据弱结构 Δx 动量守恒定律得:

$$\Delta m \Delta v = (\sigma_1 - \sigma_0) A_0 \Delta t \tag{4-10}$$

式中　Δm——弱结构 Δx 的质量,kg;

　　　σ_1——冲击后的应力,MPa;

　　　σ_0——冲击前的应力,MPa;

　　　Δt——间隔时间,s;

　　　Δv——弱结构 Δx 速度变化量,m/s。

弱结构 Δx 被压实后速度为 0,因此,$\Delta v = v$,所以:

$$\sigma_1 = \sigma_0 + \frac{\Delta m v_0}{A_0 \Delta t} = \sigma_0 + \frac{\rho A_0 v_1 \Delta t v_0}{A_0 \Delta t} = \sigma_0 + \rho \frac{1-\varepsilon}{\varepsilon} v_0^2 \tag{4-11}$$

式(4-11)可用于计算冲击波作用下应力在弱结构区域的速度和初始破碎应力。

(2) 弱结构压实区域外动量守恒

t 时刻弱结构未压实区域速度为 v_0,t 时刻未压实区域动量为:$(m_0 + \rho A_0 s) v_0$。

Δt 时刻速度的增量为 Δv,$t + \Delta t$ 时刻未压实区域动量为:

$$[m_0 + \rho A_0 (s + \Delta s)] (v_0 + \Delta v)$$

对压实区域外进行动量守恒:

$$[m_0 + \rho A_0 (s + \Delta s)] (v_0 + \Delta v) - (m_0 + \rho A_0 s) v_0 = -\sigma_1 A_0 \Delta t \tag{4-12}$$

对两边求导化简得:

$$\left(m_0 + \rho A_0 s - \frac{u \rho A_0}{\varepsilon}\right) \frac{\mathrm{d}v}{\mathrm{d}t} = -\sigma_1 A_0 \tag{4-13}$$

解得:

$$\frac{\mathrm{d}v}{\mathrm{d}t} = -\frac{\sigma_1 A_0}{m_0 + \rho A_0 s - \dfrac{u\rho A_0}{\varepsilon}} \qquad (4-14)$$

根据初始条件,可求得方程数值解。

4.3　巷道围岩弱结构应力波衰减机理

通过弱结构接触面间的动量守恒定律,分析冲击波作用于弱结构时主要影响因素[273-274]。冲击波作用于弱结构时看作刚体作用于弱结构体,刚体速度的衰减规律和应力传播规律可用于对比分析冲击波的速度衰减和传播特性。

（1）两层弱结构时（图 4-4）

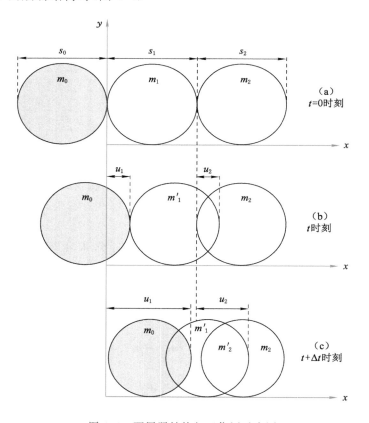

图 4-4　两层弱结构相互作用示意图

对假设的刚体和弱结构冲击压缩变形区域动量守恒得：

$$-\sigma_{s1}\Delta t = Q_0 + Q_1 - Q_2 - Q_3 \tag{4-15}$$

式中　Q_0——刚体动量；

　　　Q_1——弱结构 I 的动量；

　　　Q_2——刚体与弱结构 I 间动量；

　　　Q_3——弱结构 I 变形动量。

$$Q_0 = m_0(v_0 + \Delta v) \tag{4-16}$$

$$Q_1 = \rho A_0 [u_1 + \Delta u_1 + x_1 + \Delta x_1 - (u_2 + \Delta u_2)](v_0 + \Delta v) \tag{4-17}$$

$$Q_2 = [m_0 + \rho A_0(u_1 + x_1 - u_2)]v_0 \tag{4-18}$$

$$Q_3 = \rho A_0(\Delta u_1 + \Delta x_1 - \Delta u_2)v_1 \tag{4-19}$$

式中　Δv——初始速度的变化量，m/s；

　　　u_1——刚体进入弱结构 I 的位移，m；

　　　Δu_1——刚体位移的变化量，m；

　　　x_1——弱结构 I 的破碎长度，m；

　　　Δx_1——弱结构 I 破碎的变化量，m；

　　　u_2——弱结构 I 进入弱结构 II 的位移，m；

　　　Δu_2——弱结构 I 位移的变化量，m。

对式(4-15)两边求导得：

$$\frac{-\sigma_{s1}\Delta t}{\mathrm{d}t} = \frac{\mathrm{d}(Q_0 + Q_1 - Q_2 - Q_3)}{\mathrm{d}t} \tag{4-20}$$

即：

$$-\sigma_{s1} = \frac{\mathrm{d}(Q_0 + Q_1 - Q_2 - Q_3)}{\mathrm{d}t} \tag{4-21}$$

将式(4-16)~式(4-19)代入式(4-21)得：

$$-\sigma_{s1} = [m_0 + \rho A_0(u_1 + x_1 - u_2)]\frac{\mathrm{d}v_0}{\mathrm{d}t} + \rho A_0(v_0 - v_1)\frac{\mathrm{d}u_1 + \mathrm{d}x_1 - \mathrm{d}u_2}{\mathrm{d}t} \tag{4-22}$$

化简得：

$$\frac{\mathrm{d}v_0}{\mathrm{d}t} = \frac{-\left[\sigma_{s1} + \rho A_0(v_0 - v_1)\dfrac{\mathrm{d}u_1 + \mathrm{d}x_1 - \mathrm{d}u_2}{\mathrm{d}t}\right]}{[m_0 + \rho A_0(u_1 + x_1 - u_2)]} \tag{4-23}$$

其中：

$$v_0 = \frac{\mathrm{d}u_1}{\mathrm{d}t} \tag{4-24}$$

$$v_1 = \frac{\mathrm{d}u_2}{\mathrm{d}t} \tag{4-25}$$

$$\frac{\mathrm{d}x_1}{\mathrm{d}t} = \frac{v_0 - v_1}{\varepsilon} - (v_0 - v_1) \tag{4-26}$$

将式(4-24)~式(4-26)代入式(4-23)得：

$$\frac{\mathrm{d}v_0}{\mathrm{d}t} = \frac{-\left[\sigma_{s1} + \dfrac{\rho A_0 \ (v_0 - v_1)^2}{\varepsilon}\right]}{[m_0 + \rho A_0 (u_1 + x_1 - u_2)]} \tag{4-27}$$

假设两层弱结构相互作用时，弱结构相互间的力设为 P，弱结构Ⅱ在冲击作用下的变形距离为 x_2，弱结构Ⅱ中变形部分动量守恒为：

$$\rho A_0 (x_2 + u_2 + \Delta x_2 + \Delta u_2)(v_1 + \Delta v_1) - \rho A_0 (x_2 + u_2) v_1 = (P - \sigma_{s2}) \Delta t \tag{4-28}$$

两边求导得：

$$P - \sigma_{s2} = \rho A_0 (x_2 + u_2) \frac{\mathrm{d}v_1}{\mathrm{d}t} + \rho A_0 v_1 \frac{\mathrm{d}(x_2 + u_2)}{\mathrm{d}t} \tag{4-29}$$

其中：

$$v_1 = \frac{\mathrm{d}u_2}{\mathrm{d}t} \tag{4-30}$$

$$\frac{\mathrm{d}x_2}{\mathrm{d}t} = G - v_1 \tag{4-31}$$

式中　G——通过弱结构Ⅰ的速度，m/s。

将式(4-30)和式(4-31)代入式(4-29)得：

$$\rho A_0 (x_2 + u_2) \frac{\mathrm{d}v_1}{\mathrm{d}t} = P - (\sigma_{s2} + \rho A_0 v_1 G) \tag{4-32}$$

$$\sigma_2 = \sigma_{s2} + \rho A_0 v_1 G \tag{4-33}$$

将式(4-33)代入式(4-32)得：

$$\rho A_0 (x_2 + u_2) \frac{\mathrm{d}v_1}{\mathrm{d}t} = P - \sigma_2 \tag{4-34}$$

对弱结构未变形部分动量守恒：

$$\rho A_0 [s_1 - (x_1 + u_1 - u_2)] \Delta v_1 - \rho A_0 (v_0 + \Delta v_0)(\Delta x_1 + \Delta u_1 - \Delta u_2) +$$
$$\rho A_0 (\Delta x_1 + \Delta u_1 - \Delta u_2) v_1 = (\sigma_1 - P) \Delta t \tag{4-35}$$

两边求导得：

$$\rho A_0 [s_1 - (x_1 + u_1 - u_2)] \frac{\mathrm{d}v_1}{\mathrm{d}t} - \rho A_0 v_0 \frac{\mathrm{d}(x_1 + u_1 - u_2)}{\mathrm{d}t} +$$
$$\rho A_0 v_1 \frac{\mathrm{d}(x_1 + u_1 - u_2)}{\mathrm{d}t} = \sigma_1 - P \tag{4-36}$$

将式(4-30)～式(4-31)代入式(4-36)得：

$$\frac{\mathrm{d}v_1}{\mathrm{d}t} = \frac{\left[\sigma_1 - P + \dfrac{\rho A_0 \ (v_0 - v_1)^2}{\varepsilon}\right]}{\rho A_0 [s_1 - (x_1 + u_1 - u_2)]} \tag{4-37}$$

（2）三层弱结构时（图 4-5）

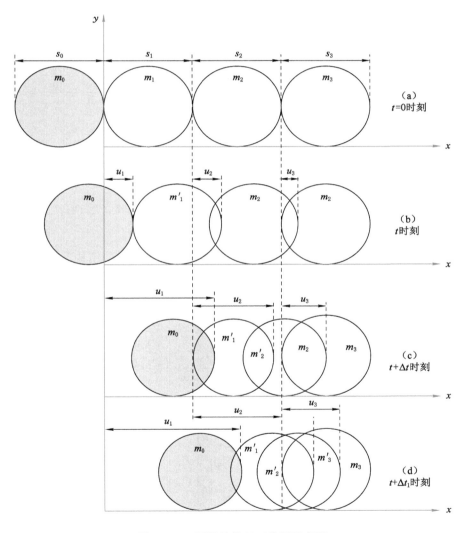

图 4-5 三层弱结构相互作用示意图

对假设的刚体和弱结构区域动量守恒得：

$$\{m_0 + \rho A_0 [u_1 + \Delta u_1 + x_1 + \Delta x_1 - (u_2 + \Delta u_2)]\} \cdot (v_0 + \Delta v_0) -$$
$$[m_0 + \rho A_0 (u_1 + x_1 - u_2)] \cdot v_0 - \rho A_0 (\Delta u_1 + \Delta x_1 - \Delta u_2) v_1 = -\sigma_{s1} \Delta t$$

$$(4-38)$$

对式(4-38)化简得：

$$[m_0 + \rho A_0 (u_1 + x_1 - u_2)] \Delta v_0 + \rho A_0 (v_0 - v_1)(\Delta u_1 + \Delta x_1 - \Delta u_2) = -\sigma_{s1} \Delta t$$

$$(4-39)$$

两边求导得：

$$[m_0 + \rho A_0 (u_1 + x_1 - u_2)] \frac{\mathrm{d} v_0}{\mathrm{d} t} + \rho A_0 (v_0 - v_1) \frac{\mathrm{d} u_1 + \mathrm{d} x_1 - \mathrm{d} u_2}{\mathrm{d} t} =$$
$$[m_0 + \rho A_0 (u_1 + x_1 - u_2)] \frac{\mathrm{d} v_0}{\mathrm{d} t} + \rho A_0 \frac{(v_0 - v_1)^2}{\varepsilon_1} = -\sigma_{s1}$$

$$(4-40)$$

解得：

$$\frac{\mathrm{d} v_0}{\mathrm{d} t} = -\left[\sigma_{s1} + \rho A_0 \frac{(v_0 - v_1)^2}{\varepsilon_1} \right] / [m_0 + \rho A_0 (u_1 + x_1 - u_2)]$$

$$(4-41)$$

假设弱结构 I 与弱结构 II 之间接触面上的压力为 P_1，弱结构 II 破坏段为 x_2，对弱结构 II 破坏段动量守恒：

$$\rho A_0 (x_2 + u_2 + \Delta x_2 + \Delta u_2)(v_1 + \Delta v_1) - \rho A_0 (x_2 + u_2) v_1 = (P_1 - \sigma_{s2}) \Delta t$$

$$(4-42)$$

求导得：

$$\rho A_0 (x_2 + u_2) \frac{\mathrm{d} v_1}{\mathrm{d} t} + \rho A_0 v_1 \frac{\mathrm{d} (x_2 + u_2)}{\mathrm{d} t} = P_1 - \sigma_{s2} \qquad (4-43)$$

其中：

$$\frac{\mathrm{d} x_2}{\mathrm{d} t} = G_2 - v_1 \qquad (4-44)$$

$$\frac{\mathrm{d} u_2}{\mathrm{d} t} = v_1 \qquad (4-45)$$

将式(4-44)和式(4-45)代入式(4-43)得：

$$\rho A_0 (x_2 + u_2) \frac{\mathrm{d} v_1}{\mathrm{d} t} = P_1 - \sigma_{s2} - \rho A_0 v_1 G_2 \qquad (4-46)$$

$$\frac{\mathrm{d} v_1}{\mathrm{d} t} = \frac{P_1 - \sigma_{s2} - \rho A_0 v_1 G_2}{\rho A_0 (x_2 + u_2)} \qquad (4-47)$$

$$\sigma_2 = \sigma_{s2} + \rho_2 v_1 G_2 \tag{4-48}$$

由式(4-47)和式(4-48)化简得：

$$\rho A_0 (x_2 + u_2) \frac{\mathrm{d}v_1}{\mathrm{d}t} = P_1 - \sigma_2 \tag{4-49}$$

即：

$$\frac{\mathrm{d}v_1}{\mathrm{d}t} = \frac{P_1 - \sigma_2}{\rho A_0 (x_2 + u_2)} \tag{4-50}$$

对弱结构 I 未破坏部分动量守恒，则有：

$$\rho A_0 [s_1 - (x_1 + u_1 - u_2)] \Delta v_1 - \rho A_0 (v_0 + \Delta v_0)(\Delta x_1 + \Delta u_1 - \Delta u_2) +$$
$$\rho A_0 v_1 (\Delta x_1 + \Delta u_1 - \Delta u_2) = (\sigma_1 - P_1) \Delta t \tag{4-51}$$

两边求导得：

$$\rho A_0 [s_1 - (x_1 + u_1 - u_2)] \frac{\mathrm{d}v_1}{\mathrm{d}t} - \rho A_0 v_0 \frac{\mathrm{d}(x_1 + u_1 - u_2)}{\mathrm{d}t} +$$
$$\rho A_0 v_1 \frac{\mathrm{d}(x_1 + u_1 - u_2)}{\mathrm{d}t} = (\sigma_1 - P_1) \tag{4-52}$$

化简得：

$$\rho A_0 [s_1 - (x_1 + u_1 - u_2)] \frac{\mathrm{d}v_1}{\mathrm{d}t} = \sigma_1 + \rho A_0 v_0 G_1 - \rho A_0 v_1 G_1 - P_1 \tag{4-53}$$

由于

$$\sigma_1 = \sigma_{s1} + \rho A_0 (v_0 - v_1) G_1 \tag{4-54}$$

由式(4-53)和式(4-54)化简得：

$$\rho A_0 [s_1 - (x_1 + u_1 - u_2)] \frac{\mathrm{d}v_1}{\mathrm{d}t} = \sigma_{s1} + 2\rho A_0 v_0 G_1 - 2\rho A_0 v_1 G_1 - P_1 \tag{4-55}$$

定义：

$$G_1 = \frac{v_0 - v_1}{\varepsilon} \tag{4-56}$$

求得：

$$\frac{\mathrm{d}v_1}{\mathrm{d}t} = -\left[\sigma_{s1} + 2\rho A_0 \frac{(v_0 - v_1)^2}{\varepsilon} - P_1\right] \frac{1}{\rho A_0 [s_1 - (u_1 + x_1 - u_2)]} \tag{4-57}$$

假设弱结构 II 与弱结构 III 接触面上的压力为 P_2，弱结构 III 破坏长度为

x_3，对弱结构Ⅲ破坏动量守恒：

$$\rho A_0 (x_3 + u_3 + \Delta x_3 + \Delta u_3)(v_2 + \Delta v_2) - \rho A_0 (x_3 + u_3) v_2 = (P_2 - \sigma_{s3}) \Delta t \tag{4-58}$$

求导得：

$$\rho A_0 (x_3 + u_3) \frac{\mathrm{d} v_2}{\mathrm{d} t} + \rho A_0 v_2 \frac{\mathrm{d}(x_3 + u_3)}{\mathrm{d} t} = P_2 - \sigma_{s3} \tag{4-59}$$

其中：

$$\frac{\mathrm{d} x_3}{\mathrm{d} t} = G_3 - v_2 \tag{4-60}$$

$$\frac{\mathrm{d} u_3}{\mathrm{d} t} = v_2 \tag{4-61}$$

$$\rho A_0 (x_3 + u_3) \frac{\mathrm{d} v_2}{\mathrm{d} t} = P_2 - (\sigma_{s3} + \rho_3 v_2 G_3) \tag{4-62}$$

$$\sigma_3 = \sigma_{s3} + \rho_3 v_2 G_3 \tag{4-63}$$

由式（4-62）和式（4-63）化简得：

$$\rho A_0 (x_3 + u_3) \frac{\mathrm{d} v_2}{\mathrm{d} t} = P_2 - \sigma_{s3} \tag{4-64}$$

对弱结构Ⅱ未破坏部分动量守恒，则有：

$$\rho A_0 [s_3 - (x_2 + u_2 - u_3)] \Delta v_2 - \rho A_0 (v_1 + \Delta v_1)(\Delta x_2 + \Delta u_2 - \Delta u_3) +$$
$$\rho A_0 v_2 (\Delta x_2 + \Delta u_2 - \Delta u_3) = (\sigma_2 - P_2) \Delta t \tag{4-65}$$

两边求导得：

$$\rho A_0 [s_2 - (x_2 + u_2 - u_3)] \frac{\mathrm{d} v_2}{\mathrm{d} t} - \rho A_0 v_1 \frac{\mathrm{d}(x_2 + u_2 - u_3)}{\mathrm{d} t} +$$
$$\rho A_0 v_2 \frac{\mathrm{d}(x_2 + u_2 - u_3)}{\mathrm{d} t} = (\sigma_2 - P_2) \tag{4-66}$$

化简得：

$$\rho A_0 [s_2 - (x_2 + u_2 - u_3)] \frac{\mathrm{d} v_2}{\mathrm{d} t} = \sigma_2 + \rho A_0 v_1 G_2 - \rho A_0 v_2 G_2 - P_2 \tag{4-67}$$

由于

$$\sigma_2 = \sigma_{s2} + \rho A_0 (v_1 - v_2) G_2 \tag{4-68}$$

由式（4-67）和式（4-68）化简得：

$$\rho A_0 \left[s_2 - (x_2 + u_2 - u_3) \right] \frac{\mathrm{d}v_2}{\mathrm{d}t} = \sigma_{s2} + 2\rho A_0 G_2 (v_1 - v_2) - P_2 \qquad (4\text{-}69)$$

定义：

$$G_2 = \frac{v_1 - v_2}{\varepsilon_1} \qquad (4\text{-}70)$$

求得：

$$\frac{\mathrm{d}v_2}{\mathrm{d}t} = \left[\sigma_{s2} + 2\rho A_0 (v_1 - v_2)^2 - P_2 \right] \frac{1}{\rho A_0 \left[s_2 - (u_2 + x_2 - u_3) \right]}$$

$$(4\text{-}71)$$

（3）多层弱结构时（图 4-6）

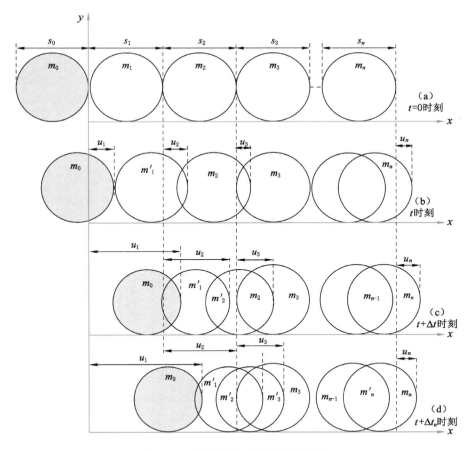

图 4-6　多层弱结构相互作用示意图

假设弱结构 $n-1$ 与弱结构 n 之间接触面上的压力为 P_{n-1}，弱结构 n 破坏段为 x_n，对弱结构 n 破坏动量守恒，则有：

$$\rho A_0 (x_n + u_n + \Delta x_n + \Delta u_n)(v_{n-1} + \Delta v_{n-1}) - \rho A_0 (x_n + u_n) v_{n-1} = (P_{n-1} - \sigma_{sn}) \Delta t \tag{4-72}$$

求导得：

$$\rho A_0 (x_n + u_n) \frac{\mathrm{d} v_{n-1}}{\mathrm{d} t} + \rho A_0 v_n \frac{\mathrm{d}(x_n + u_n)}{\mathrm{d} t} = P_{n-1} - \sigma_{sn} \tag{4-73}$$

其中：

$$\frac{\mathrm{d} x_n}{\mathrm{d} t} = G_n - v_{n-1} \tag{4-74}$$

$$\frac{\mathrm{d} u_n}{\mathrm{d} t} = v_{n-1} \tag{4-75}$$

$$\rho A_0 (x_n + u_n) \frac{\mathrm{d} v_{n-1}}{\mathrm{d} t} = P_{n-1} - (\sigma_{sn} + \rho A_0 v_{n-1} G_n) \tag{4-76}$$

$$\sigma_n = \sigma_{sn} + \rho A_0 v_{n-1} G_n \tag{4-77}$$

由式(4-76)和式(4-77)化简得：

$$\rho A_0 (x_n + u_n) \frac{\mathrm{d} v_{n-1}}{\mathrm{d} t} = P_{n-1} - \sigma_{sn} \tag{4-78}$$

对弱结构 $n-1$ 未破坏部分动量守恒：

$$\rho A_0 [s_{n-1} - (x_{n-1} + u_{n-1} - u_n)] \Delta v_{n-1} - \rho A_0 (v_{n-2} + \Delta v_{n-2})$$
$$(\Delta x_{n-1} + \Delta u_{n-1} - \Delta u_n) + \rho A_0 v_{n-1} (\Delta x_{n-1} + \Delta u_{n-1} - \Delta u_n)$$
$$= (\sigma_{n-1} - P_{n-1}) \Delta t \tag{4-79}$$

两边求导得：

$$\rho A_0 [s_{n-1} - (x_{n-1} + u_{n-1} - u_n)] \frac{\mathrm{d} v_{n-1}}{\mathrm{d} t} - \rho A_0 v_{n-2} \frac{\mathrm{d}(x_{n-1} + u_{n-1} - u_n)}{\mathrm{d} t} +$$
$$\rho A_0 v_{n-1} \frac{\mathrm{d}(x_{n-1} + u_{n-1} - u_n)}{\mathrm{d} t} = (\sigma_{n-1} - P_{n-1}) \tag{4-80}$$

化简得：

$$\rho A_0 [s_{n-1} - (x_{n-1} + u_{n-1} - u_n)] \frac{\mathrm{d} v_{n-1}}{\mathrm{d} t} = \sigma_{n-1} +$$
$$\rho A_0 (v_{n-2} - v_{n-1})(G_{n-1} - v_{n-1}) - P_{n-1} \tag{4-81}$$

由于

$$\sigma_{n-1} = \sigma_{sn-1} + \rho A_0 (v_{n-2} - v_{n-1}) G_{n-1} \tag{4-82}$$

由式(4-81)和式(4-82)化简得：

$$\rho A_0 \left[s_{n-1} - (x_{n-1} + u_{n-1} - u_n) \right] \frac{\mathrm{d}v_{n-1}}{\mathrm{d}t} = \sigma_{n-1} + \rho A_0 (v_{n-2} - v_{n-1}) v_{n-1} - P_{n-1}$$

(4-83)

求得:

$$\frac{\mathrm{d}v_{n-1}}{\mathrm{d}t} = \frac{\sigma_{n-1} + \rho A_0 (v_{n-2} - v_{n-1}) v_{n-1} - P_{n-1}}{\rho A_0 \left[s_{n-1} - (x_{n-1} + u_{n-1} - u_n) \right]}$$

(4-84)

假设弱结构 n 与弱结构 $n+1$ 接触面上的压力为 P_n,弱结构 $n+1$ 破坏长度为 x_{n+1},对弱结构 $n+1$ 破坏动量守恒:

$$\rho A_0 (x_{n+1} + u_{n+1} + \Delta x_{n+1} + \Delta u_{n+1}) (v_n + \Delta v_n) -$$
$$\rho A_0 (x_{n+1} + u_{n+1}) v_n = (P_n - \sigma_{sn+1}) \Delta t$$

(4-85)

求导得:

$$\rho A_0 (x_{n+1} + u_{n+1}) \frac{\mathrm{d}v_n}{\mathrm{d}t} + \rho A_0 v_n \frac{\mathrm{d}(x_{n+1} + u_{n+1})}{\mathrm{d}t} = P_n - \sigma_{sn+1}$$

(4-86)

其中:

$$\frac{\mathrm{d}x_{n+1}}{\mathrm{d}t} = G_{n+1} - v_n$$

(4-87)

$$\frac{\mathrm{d}u_{n+1}}{\mathrm{d}t} = v_n$$

(4-88)

$$\rho A_0 (x_{n+1} + u_{n+1}) \frac{\mathrm{d}v_n}{\mathrm{d}t} = P_n - (\sigma_{sn+1} + \rho A_0 v_n G_{n+1})$$

(4-89)

$$\sigma_{n+1} = \sigma_{sn+1} + \rho A_0 v_n G_{n+1}$$

(4-90)

由式(4-89)和式(4-90)化简得:

$$\rho A_0 (x_{n+1} + u_{n+1}) \frac{\mathrm{d}v_n}{\mathrm{d}t} = P_{n+1} - \sigma_{n+1}$$

(4-91)

对弱结构 n 未破坏部分动量守恒,则有:

$$\rho A_0 \left[s_{n+1} - (x_n + u_n - u_{n+1}) \right] \Delta v_n - \rho A_0 (v_{n-1} + \Delta v_{n-1}) (\Delta x_n + \Delta u_n - \Delta u_{n+1}) +$$
$$\rho A_0 v_n (\Delta x_n + \Delta u_n - \Delta u_{n+1}) = (\sigma_{sn} - P_n) \Delta t$$

(4-92)

两边求导得:

$$\rho A_0 \left[s_n - (x_n + u_n - u_{n+1}) \right] \frac{\mathrm{d}v_n}{\mathrm{d}t} - \rho A_0 v_{n-1} \frac{\mathrm{d}(x_n + u_n - u_{n+1})}{\mathrm{d}t} +$$

$$\rho A_0 v_n \frac{\mathrm{d}(x_n + u_n - u_{n+1})}{\mathrm{d}t} = (\sigma_{sn} - P_n)$$

(4-93)

化简得:

$$\rho A_0 \left[s_n - (x_n + u_n - u_{n+1}) \right] \frac{\mathrm{d}v_n}{\mathrm{d}t} = \sigma_{sn} + \rho A_0 (v_{n-1} - v_n) (G_n - v_n) - P_n$$

(4-94)

由于

$$\sigma_n = \sigma_{sn} + \rho A_0 (v_{n-1} - v_n) G_n \tag{4-95}$$

由式(4-94)和式(4-95)化简得：

$$\rho A_0 [s_n - (x_n + u_n - u_{n+1})] \frac{\mathrm{d}v_n}{\mathrm{d}t} = \sigma_{sn} + \rho A_0 (v_{n-1} - v_n) v_n - P_n \tag{4-96}$$

求得：

$$\frac{\mathrm{d}v_n}{\mathrm{d}t} = \frac{\sigma_{sn} + \rho A_0 (v_{n-1} - v_n) v_n - P_n}{\rho A_0 [s_n - (x_n + u_n - u_{n+1})]} \tag{4-97}$$

经过上述推导可知：

① 两层弱结构时：

$$\frac{\mathrm{d}v_0}{\mathrm{d}t} = \frac{-\left[\sigma_{s1} + \dfrac{\rho A_0 (v_0 - v_1)^2}{\varepsilon}\right]}{[m_0 + \rho A_0 (u_1 + x_1 - u_2)]} \tag{4-98}$$

$$\frac{\mathrm{d}v_1}{\mathrm{d}t} = \frac{\left[\sigma_1 - P + \dfrac{\rho A_0 (v_0 - v_1)^2}{\varepsilon}\right]}{\rho A_0 [s_1 - (x_1 + u_1 - u_2)]} \tag{4-99}$$

给定初始条件 $v_{(0)} = v_0, u_{(0)} = 0, x_{(0)} = 0$ 可以求解方程的解。

② 三层弱结构时：

$$\frac{\mathrm{d}v_0}{\mathrm{d}t} = -\left[\sigma_{s1} + \rho A_0 \frac{(v_0 - v_1)^2}{\varepsilon_1}\right] / [m_0 + \rho A_0 (u_1 + x_1 - u_2)] \tag{4-100}$$

$$\frac{\mathrm{d}v_1}{\mathrm{d}t} = -\left[\sigma_{s1} + 2\rho A_0 \frac{(v_0 - v_1)^2}{\varepsilon} - P_1\right] \frac{1}{\rho A_0 [s_1 - (u_1 + x_1 - u_2)]} \tag{4-101}$$

$$\frac{\mathrm{d}v_2}{\mathrm{d}t} = \left[\sigma_{s2} + 2\rho A_0 (v_1 - v_2)^2 - P_2\right] \frac{1}{\rho A_0 [s_2 - (u_2 + x_2 - u_3)]} \tag{4-102}$$

给定初始条件 $v_{1(0)} = v_0, v_{2(0)} = 0, x_{1(0)} = 0, x_{2(0)} = 0, u_{1(0)} = 0, u_{2(0)} = 0$ 可以求解方程的解。

③ 多层弱结构时：

$$\frac{\mathrm{d}v_{n-1}}{\mathrm{d}t} = \frac{\sigma_{n-1} + \rho A_0 (v_{n-2} - v_{n-1}) v_{n-1} - P_{n-1}}{\rho A_0 [s_{n-1} - (x_{n-1} + u_{n-1} - u_n)]} \tag{4-103}$$

$$\frac{\mathrm{d}v_n}{\mathrm{d}t} = \frac{\sigma_{sn} + \rho A_0 (v_{n-1} - v_n) v_n - P_n}{\rho A_0 [s_n - (x_n + u_n - u_{n+1})]} \tag{4-104}$$

给定初始条件 $v_{1(0)} = v_0, v_{n-1(0)} = 0, v_{n(0)} = 0, x_{n-1(0)} = 0, x_{n(0)} = 0, u_{n-1(0)} = 0, u_{n(0)} = 0$ 可以求解方程的解。

通过对弱结构理论分析可知,弱结构中的速度主要受应力、初始速度和颗粒大小影响。作用于弱结构应力、初始速度主要与冲击动载有关;弱结构颗粒大小与煤岩体的力学性质有关,容易在致裂弱结构过程中进行控制,因此,弱结构颗粒大小对弱结构吸能具有重要影响。

4.4　巷道围岩弱结构影响因素 PFC 分析

巷道围岩弱结构的主要影响因素为弱结构颗粒大小,PFC 颗粒流软件模拟结果与弱结构吸能有很高的相似性,使用 PFC 颗粒流软件对巷道围岩弱结构的吸能过程进一步量化,是试验研究和理论分析的有效补充手段[275-276]。

本节对巷道围岩弱结构进行模拟,利用颗粒流软件与理论计算进行分析。在 PFC 模拟中,粒子间的相互作用通过内置接触本构模型表示,应用最广泛的为线性接触模型和平行黏结模型,其中平行黏结模型可以有效地反映煤体或岩体的力学行为。由于平行黏结模型不抵抗弯矩,所以可用于弱结构间的模拟,同时可以抵抗弱结构颗粒在外力作用下的剪切和拉伸。本模拟采用平行黏结模型,如图 4-7 所示。

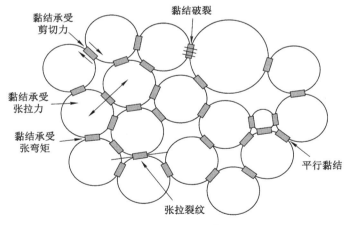

图 4-7　平行黏结模型

图 4-8 为不同颗粒直径的相似模拟图,图 4-9 所示为速度监测点位置,对致裂后的弱结构采用线接触方法建立宽×高＝100 mm×100 mm 的二维模型,模型中的颗粒大小代表弱结构破裂度,颗粒密度为煤体密度 1 300 kg/m³,弱结构颗粒是影响冲击速度、能量耗散的主要影响因素。

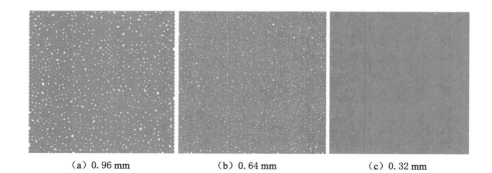

（a）0.96 mm   （b）0.64 mm   （c）0.32 mm

图 4-8　不同颗粒直径的相似模拟图

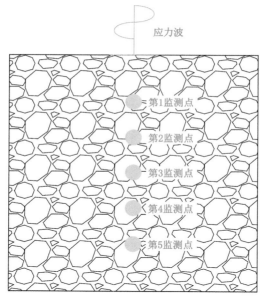

图 4-9　速度监测点位置

　　为了验证弱结构颗粒对冲击能量吸收的影响,对不同直径颗粒进行模拟,颗粒的大小分别为 0.32 mm、0.64 mm 和 0.96 mm,初始速度为 10 m/s。

　　图 4-10 所示为颗粒直径分别为 0.32 mm、0.64 mm 和 0.96 mm 不同监测点的速度变化情况,相同速度下,颗粒直径越小,相同监测点的速度越小,速度衰减越大,最终无限接近于 0。距离应力波越远,监测到的速度越小,说明弱结构尺寸对速度也有一定的影响。

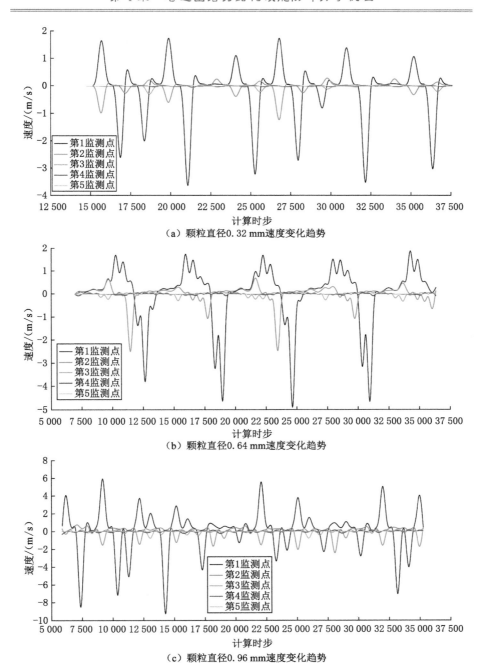

（a）颗粒直径0.32 mm速度变化趋势

（b）颗粒直径0.64 mm速度变化趋势

（c）颗粒直径0.96 mm速度变化趋势

图 4-10　不同直径颗粒不同监测点速度变化规律

速度变化曲线如图 4-11 所示,对弱结构不同颗粒速度曲线进行分析,颗粒越大,速度越大,对能量的吸收越小,颗粒的大小对速度的吸收具有重要的影响,与理论推导相符。在 0.003 s 时,当颗粒直径由 0.96 mm 变为 0.64 mm 时,速度减小 75%,当颗粒直径由 0.64 mm 变为 0.32 mm 时,速度减小 87.5%。理论推导过程中使用的是刚性条件进行的假设,理论计算结果的应力始终为初始应力。

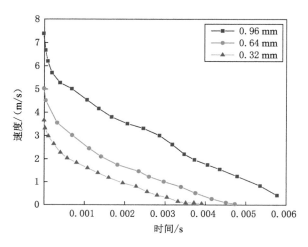

图 4-11　不同颗粒速度变化规律

巷道围岩弱结构破裂度是致裂弱结构过程中煤岩体破碎程度、颗粒大小的表征方法,本书用煤体强度的弱化系数表征破裂度的大小。用一维弹性波理论和 PFC 颗粒流软件分析,发现弱结构颗粒越小,弱结构中冲击动载传播速度越小,弱结构对冲击能量吸收效果越好。弱结构破裂度不能无限减小,当弱结构破裂度一定时,弱结构尺寸范围越大,冲击能量吸收越好。

4.5　本章小结

① 基于一维弹性波理论、应力波传播运动方程和能量守恒方程,构建巷道围岩弱结构吸能防冲力学模型,推导巷道围岩弱结构吸能防冲力学解析,巷道围岩弱结构速度变化关系为:

$$\frac{\mathrm{d}v_n}{\mathrm{d}t} = \frac{\sigma_{sn} + \rho A_0 (v_{n-1} - v_n) v_n - P_n}{\rho A_0 [s_n - (x_n + u_n - u_{n+1})]}$$

② 分析了巷道围岩弱结构区域应力波产生反射、透射和散射速度减小规律,得到巷道围岩弱结构吸能主要与初始速度、应力大小、弱结构颗粒大小有关。

③ 揭示了巷道围岩弱结构颗粒大小是影响弱结构吸能的主要影响因素,利用 PFC 颗粒流软件对弱结构颗粒大小进行分析,颗粒大小由 0.96 mm 变为 0.64 mm 时速度减小 75％,颗粒大小由 0.64 mm 变为 0.32 mm 时速度减小 87.5％,颗粒越小,速度衰减越大,能量吸收越好。

第5章 巷道围岩防冲弱结构关键尺度参数模拟确定

通过研究动载作用下煤岩样力学特性及能量耗散规律,为设置巷道围岩弱结构提供了理论基础,采用实验室物理模拟方法分析了有无弱结构两种情况巷道围岩破坏演化过程,利用一维弹性波理论构建了巷道围岩弱结构吸能防冲力学模型。动载作用下巷道围岩响应特征十分复杂,实验室试验很难形象直观地描述巷道破坏过程,现场试验监测手段与数据有限。因此,对动载作用下巷道围岩破坏及弱结构吸能过程进行数值模拟研究,利用 FLAC 3D 动力模块分析巷道动态破坏过程,研究冲击位置和冲击能量对有无弱结构巷道围岩应力变化规律的影响,确定巷道围岩弱结构吸能防冲关键尺度参数。

5.1 数值模型建立

5.1.1 模型建立

义马常村煤矿 21170 运输巷埋深 700 m,煤层柱状图如图 5-1 所示,巷道顶板主要为泥岩,泥岩厚度较大,约 40 m,支护困难,直接底为 3.1 m 的碳质泥岩,遇水易膨胀。数值模型尺寸:长×宽×高＝80 m×50 m×120 m,矩形巷道的宽×高＝5.8 m×3.5 m,数值计算模型如图 5-2 所示。

图 5-3 为动静模型边界示意图,采用 Mohr-Coulomb 准则,静载荷边界:左右边界及下边界约束,上边界为应力边界;动荷载边界:左右及上下边界约束,模型允许大变形[277]。

经现场采样和实验室测试,结合 21170 工作面巷道实际地质资料,确定煤岩性质、厚度及力学属性见表 5-1。

序号	累厚厚度/m	层厚/m 最小～最大 平均	柱状	煤岩名称	岩性描述
1	620.1	425～435 430		砾岩	主要成分为灰色，紫红色石英岩，石英砂岩，次为灰绿色、棕红色火成岩，径大小不一，最大径17 cm。次棱角状为主，局部显棕红色和灰绿色，泥砂质基底胶结，夹有层状棕红色粉砂岩
2	643.6	22.0～25.0 23.5		细砂岩	浅灰色细砂岩条带，波状交错层理，含较多瘤状黄铁矿结核，顺层分布，断面见白云母碎片
3	683.6	36.0～44.5 40.1		泥岩	较多植物化石，部分炭化，粒度偏粗，以下较致密均一，中部见少量瓣鳃类生物化石碎屑。倾角变化较大，夹较多菱铁质条带，水平层理，底部含片状菱铁矿
4	688.4	0.05～9.1 4.8		细砂岩	断口规则状，岩石细腻，层具有少量的白云母片，局部夹含粉砂岩，夹含植物碎片及瓣鳃类化石，还可见有菱铁质条带，泥质胶结。底部有0.11 m厚的褐灰色细中砂岩
5	700.4	10.8～13.3 12.0		煤	灰分较高，煤质变化较大，变质程度低，局部具有纤维状结构，质较轻，夹碳质泥岩夹矸
6	703.5	0.5～5.7 3.1		碳质泥岩	黑色，质纯，少量滑石，含碳质成分较高
7	733.5	22.2～27.8 30.0		细砂岩	灰色，含有棱角状石英岩小砾石（3～10 mm）及菱铁质，含较多植物根部化石，比重稍大
8	738.6	4.0～6.3 5.1		砾岩	砾块成分主要为石英岩、石英砂岩，磨圆度好，砾块大小不一，胶结物为灰色的砂泥质成分，基底式胶结

图 5-1　煤层柱状图

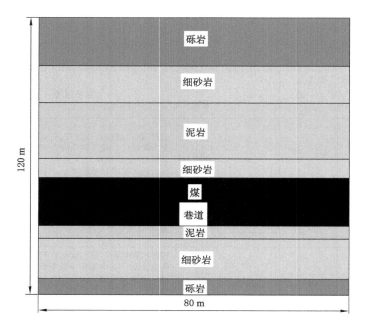

图 5-2 数值模拟模型

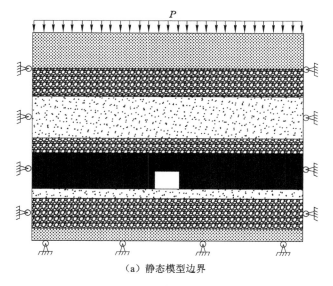

（a）静态模型边界

图 5-3 动静模型边界

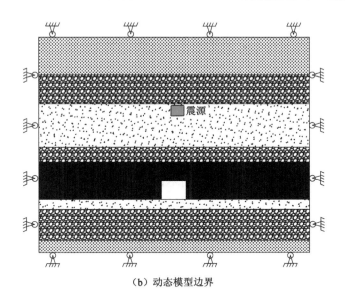

（b）动态模型边界

图 5-3 （续）

表 5-1 煤岩物理力学属性

岩性	高度 /m	密度 /(kg/m³)	体积模量 /GPa	剪切模量 /GPa	内聚力 /MPa	内摩擦角 /(°)
顶板砾岩	40	2 750	4.2	4.2	3.5	32
细砂岩	20	2 540	5.56	3.92	2.5	23.25
泥岩	38	2 600	3.5	1.84	1.25	32
细砂岩	3	2 450	4.56	3.52	2.3	23.25
煤	12	1 350	1.3	0.28	1.1	33
泥岩	2	2 600	3.5	1.84	1.25	32
细砂岩	30	2 570	4.2	4.17	2.6	26
底板砾岩	5	2 800	4.5	4.4	3.6	36

5.1.2 数值模拟研究内容

① 利用 FLAC 3D 数值模拟软件分析不同冲击位置和不同冲击能量作用下巷道位移、应力、塑性区的演化过程。

② 研究巷道围岩弱结构的吸能效应，分析巷道围岩弱结构关键尺度参数

对巷道应力分布的影响。

③ 建立巷道围岩弱结构吸能效应与关键尺度参数的对应关系,确定巷道围岩弱结构尺寸及破裂度范围。

5.1.3　冲击动载施加简介

（1）冲击能量施加

FLAC 3D 数值模拟软件中施加冲击动载主要有速度、加速度和应力三种情况。本次冲击震源采用界面震源,动载形式按正弦波加载,冲击动载震动频率为 50 Hz,震动作用 2 个周期,根据不同正弦波施加位置模拟冲击动载位置[278]。冲击动载与冲击能量关系见表 5-2。

表 5-2　动载荷参数

序号	能量/J	波速/(m/s)	最大峰值速度/(m/s)	施加荷载/MPa
1	$10^3 \sim 10^4$	3 000	1.0	10
2	$10^4 \sim 10^5$	3 000	2.8	30
3	$10^5 \sim 10^6$	3 000	5.6	60
4	$10^6 \sim 10^7$	3 000	10	100

冲击地压危险性评价用弱、中等和强来划分[279],本书冲击能量表示方法采用能量范围最大值,冲击能量范围 $10^3 \sim 10^4$ J 描述为 10^4 J,冲击能量范围 $10^6 \sim 10^7$ J 描述为 10^7 J,因此,数值模拟能量分别为 10^4、10^5、10^6 和 10^7 J。采用静力模块和动力模块依次加载,模型平衡后对巷道进行开挖计算,模型顶部施加均布载荷为 17.25 MPa,根据常村煤矿地应力测试结果侧压系数为 0.9,侧向施加应力为 15.75 MPa,重力加速度取 9.8 m/s^2。

（2）冲击位置

冲击地压事故由巷道开挖和上覆岩层垮落造成,一般发生在巷道顶板和帮部,极少发生在巷道底板。本书模拟冲击位置分别为巷道顶板 20 m、巷道（左帮）帮部 20 m、巷道肩角 20 m 处,如图 5-4 所示,根据巷道迎波侧位置不同分别用顶板冲击、帮部冲击和顶帮冲击表示[280-282]。

5.1.4　模拟过程

模拟步骤及过程:建立模型→原岩应力平衡→开挖巷道→静载应力场平衡→施加冲击动载→冲击动载对巷道破坏作用→设置弱结构→施加冲击动

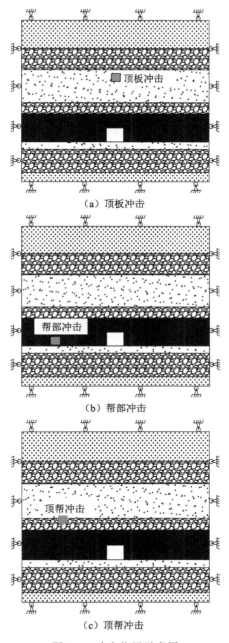

（a）顶板冲击

（b）帮部冲击

（c）顶帮冲击

图 5-4　冲击位置示意图

载→弱结构尺寸和破裂度对冲击动载的影响,模拟步骤如图 5-5 所示。

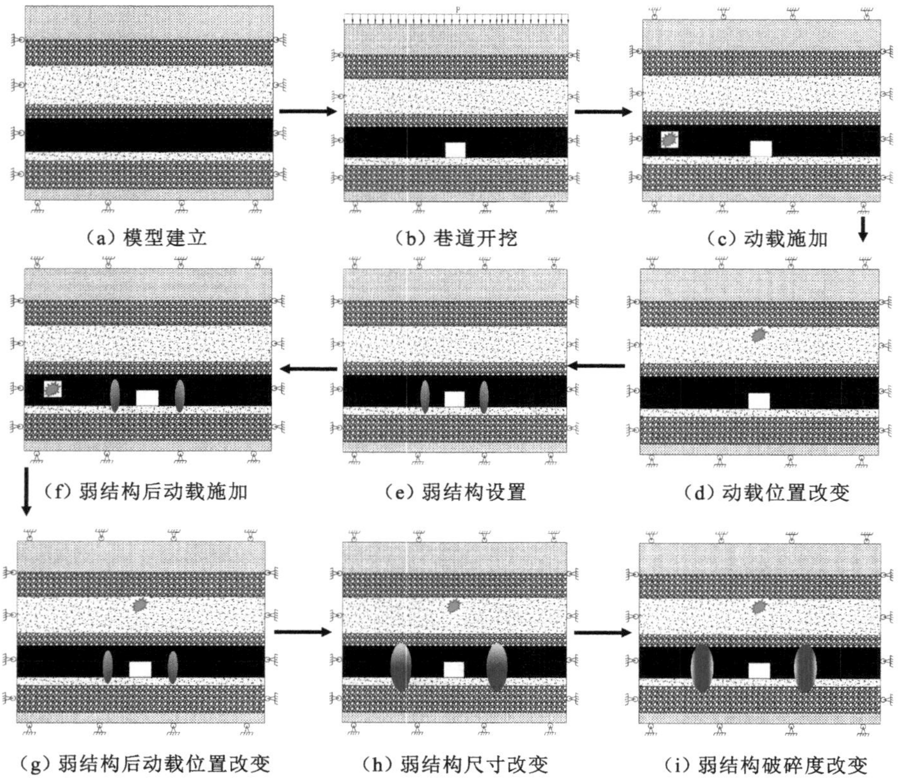

(a) 模型建立　　　　　　(b) 巷道开挖　　　　　　(c) 动载施加

(f) 弱结构后动载施加　　(e) 弱结构设置　　　　　(d) 动载位置改变

(g) 弱结构后动载位置改变　(h) 弱结构尺寸改变　　(i) 弱结构破碎度改变

图 5-5　冲击动载模拟示意图

5.2　静载作用下巷道破坏过程

结合义马常村煤矿 21170 工作面地质条件、地应力测试及现场调研情况建立模型,本次数值模拟模型共设置 6 层煤岩层,如图 5-6 所示。

(1) 静载作用下巷道围岩应力分析

对静载作用下巷道围岩水平应力、垂直应力、剪切应力和最大主应力进行分析,得到了巷道围岩应力分布特征。

图 5-7(a) 为静载作用下巷道水平应力云图,应力平衡后巷道肩部出现应

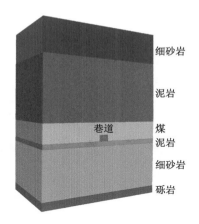

图 5-6　数值模拟模型

力集中现象,主要与该巷道所处地质条件有关,巷道底板应力明显大于顶板,巷道出现严重的底鼓现象,与现场调研情况相同,巷道两帮应力达 20 MPa 以上,帮部发生明显变形。图 5-7(b)为垂直应力云图,底板垂直应力大于顶板垂直应力,应力集中区域主要在巷道两帮,在水平应力和剪切应力作用下,巷道帮部变形严重,巷道肩部应力向下传递造成巷帮进一步破坏,因此,加强巷帮支护强度减少应力集中对巷道两帮支护有重要意义。图 5-7(c)为剪应力云图,底板处的应力相对集中。图 5-7(d)为最大主应力云图,巷道顶底板和两帮均处于应力集中状态,应力分布大致相同,巷道较远处煤岩体应力较大。

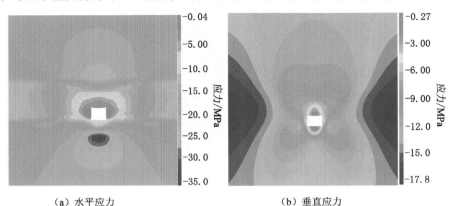

（a）水平应力　　　　　　　　　　（b）垂直应力

图 5-7　静载作用下巷道围岩应力分布云图

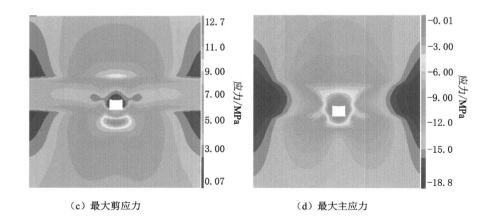

（c）最大剪应力　　　　　　　　（d）最大主应力

图 5-7 （续）

（2）静载作用下巷道围岩位移分析

静载作用下巷道围岩位移分布如图 5-8 所示，静载作用下巷道顶板位移最大约为 266.7 mm，顶煤造成了大断面巷道应力集中，顶板容易产生离层和下沉，巷道帮部位移最大约为 156.9 mm，巷道顶板变形量大于帮部变形量。

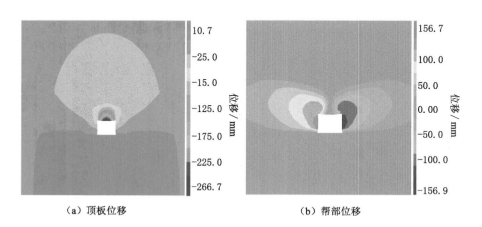

（a）顶板位移　　　　　　　　　　（b）帮部位移

图 5-8　静载作用下巷道围岩位移分布

5.3　动载作用下巷道破坏过程

5.3.1　冲击位置对巷道破坏影响

为了研究冲击位置对巷道围岩破坏过程的影响,对顶板冲击、帮部冲击和顶帮冲击进行模拟,义马常村煤矿 21170 工作面微震最大能量介于 $1.1 \times 10^6 \sim 5.5 \times 10^6$ J 之间,选择冲击能量 10^7 J 进行模拟。

（1）顶板冲击对巷道破坏影响

顶板冲击作用下速度和应力云图如图 5-9、图 5-10 所示,顶板冲击作用下巷道顶板和两帮有明显的周期性动态变化规律,动载先传播到巷道顶板,顶板作为冲击震动迎波侧最先遭受破坏,顶板和帮部监测到最大速度分别为 9.4 m/s 和 7.2 m/s,由于煤岩体对波的衰减作用,帮部速度小于顶板速度。巷道顶板和帮部的最大应力分别为 94.9 MPa 和 86.3 MPa,巷道围岩应力越大,巷道破坏越严重,无巷道围岩弱结构顶板和帮部遭受严重破坏。

（2）顶帮冲击对巷道破坏影响

顶帮冲击作用下速度和应力云图如图 5-11、图 5-12 所示,顶帮冲击作用下巷道顶板、帮部和底板有明显的动态变化规律,巷道肩部先受到冲击动载的影响,巷道顶板和帮部监测到最大速度分别为 8.9 m/s 和 8.8 m/s,应力分别为 90 MPa 和 75 MPa,与顶板冲击作用下相比,巷道顶板监测到最大速度和应力减小,帮部监测到最大速度增加、应力减小。顶帮冲击作用下,巷道顶板、帮部和底板受到冲击动载的影响,无巷道围岩弱结构巷道顶板、帮部和底板遭受严重破坏。

（3）帮部冲击对巷道破坏影响

帮部冲击作用下速度和应力云图如图 5-13、图 5-14 所示,帮部冲击作用下巷道左帮有明显的动态变化规律,巷道顶板和帮部监测到最大速度分别为 7.3 m/s 和 9.1 m/s,应力分别为 65 MPa 和 92.4 MPa,与顶板冲击和顶帮冲击相比,顶板监测到最大速度和应力减小,左帮监测到最大速度和应力增加。帮部最先受到冲击动载影响,帮部破坏严重,帮部的破坏加速了顶板的变形,随着冲击的传播,顶板在帮部失稳和冲击双重作用下,顶板破坏严重。

（4）冲击位置对巷道破坏过程对比

冲击位置对巷道破坏位置和应力变化有重要影响,对顶板冲击、顶帮冲击和帮部冲击作用下应力、位移和塑性区进行对比。

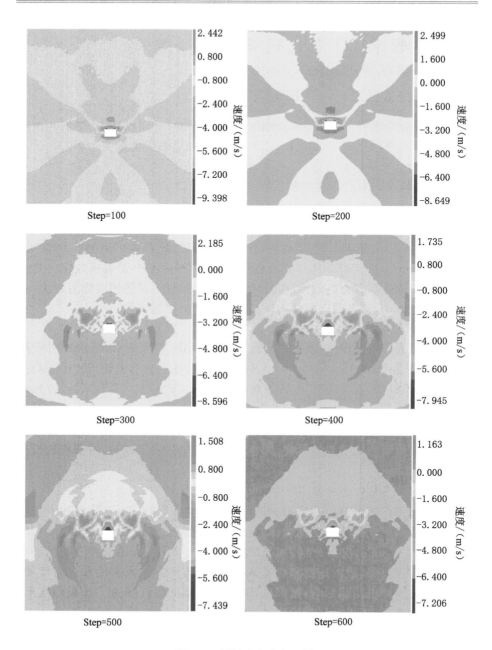

图 5-9　顶板冲击速度云图

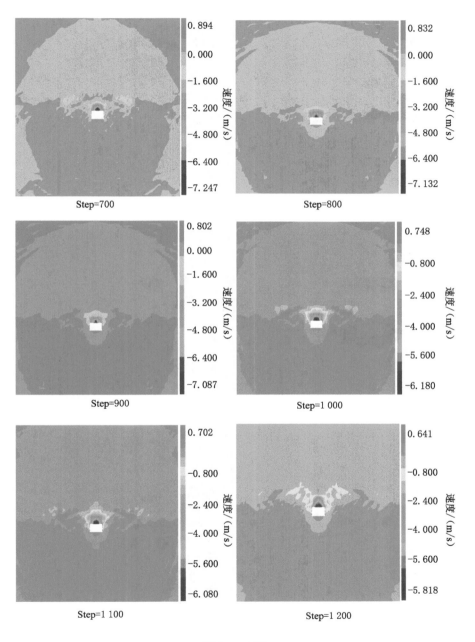

图 5-9　（续）

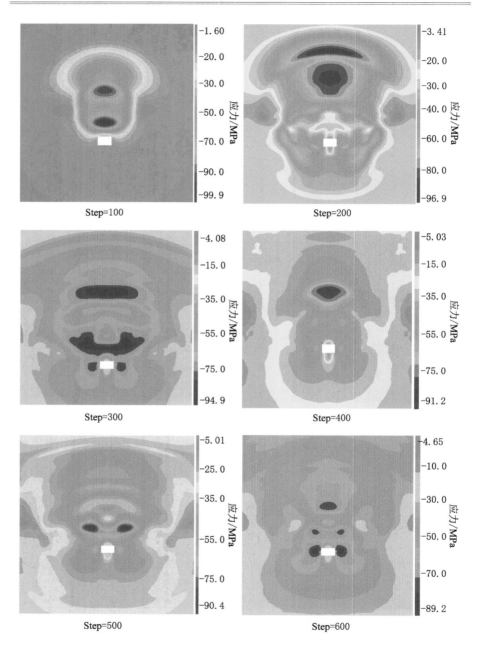

图 5-10　顶板冲击应力云图

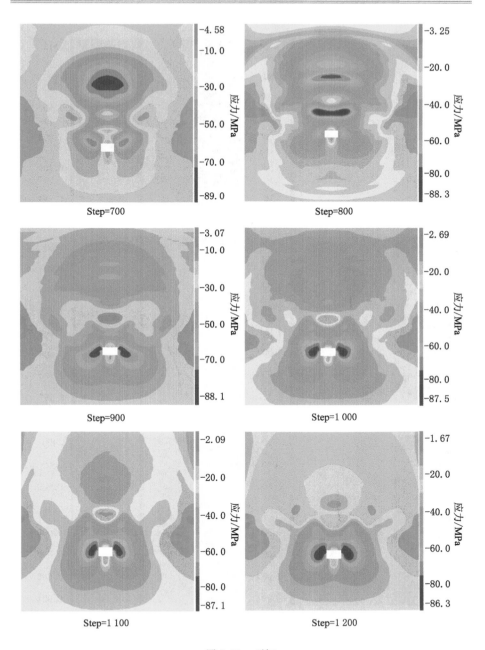

图 5-10　（续）

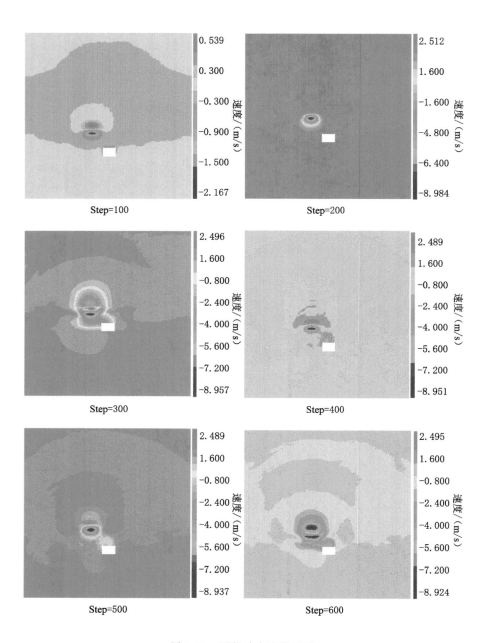

图 5-11　顶帮冲击速度云图

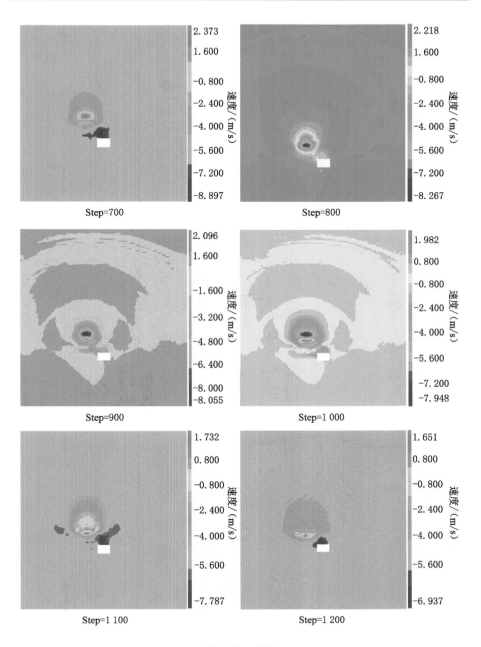

图 5-11　（续）

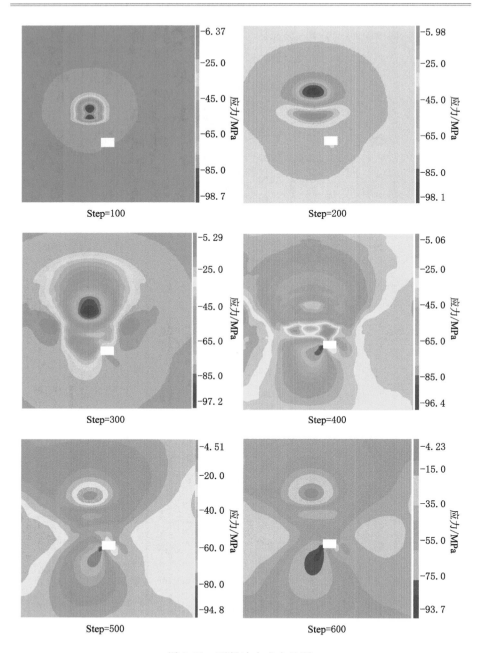

图 5-12 顶帮冲击应力云图

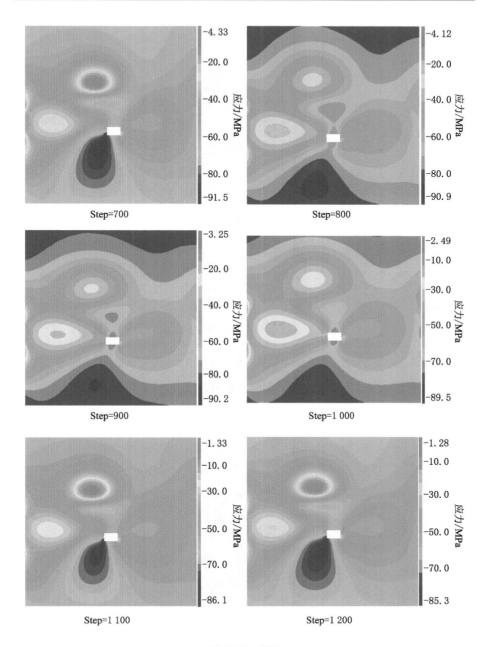

图 5-12　（续）

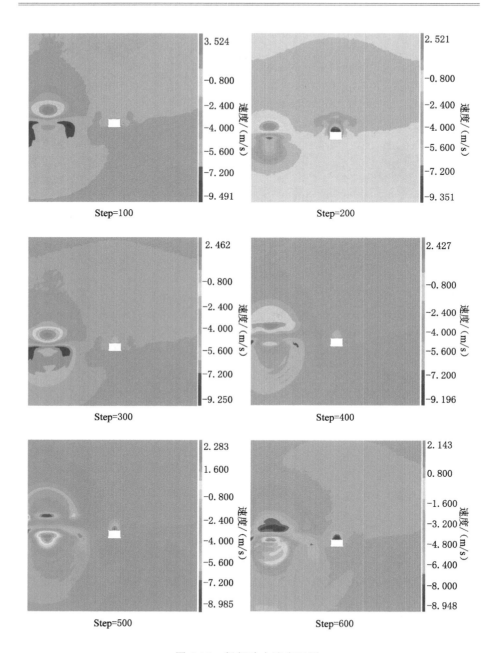

图 5-13　帮部冲击速度云图

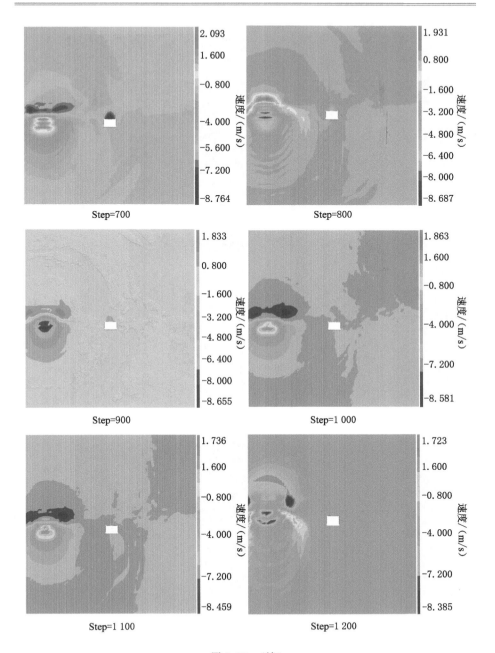

图 5-13　（续）

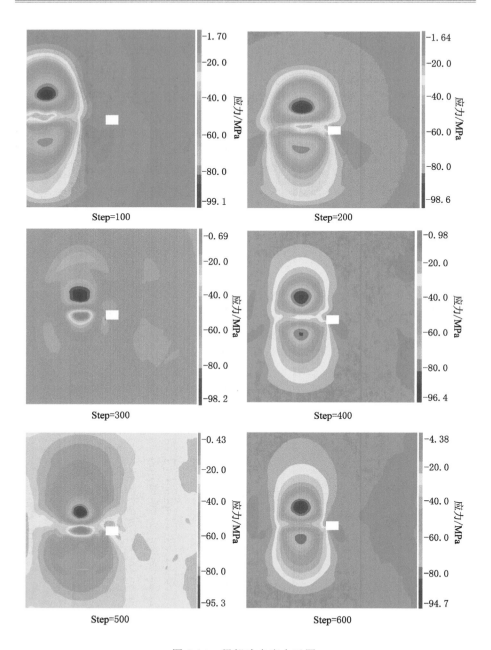

图 5-14　帮部冲击应力云图

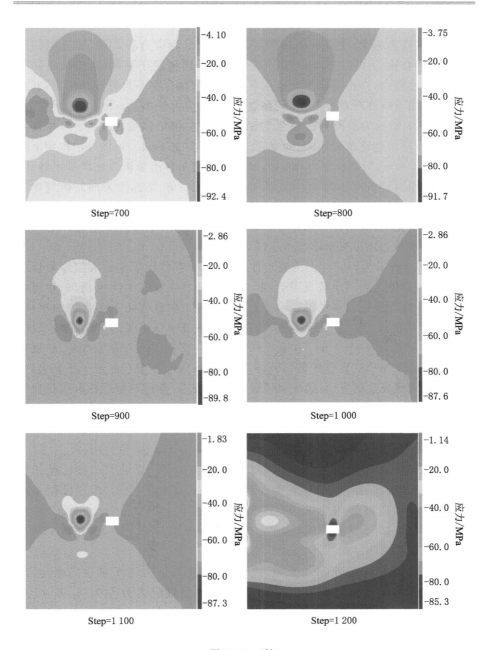

图 5-14 （续）

图 5-15～图 5-17 所示为顶板冲击、顶帮冲击和帮部冲击作用下应力变化曲线,巷道应力越大,巷道破坏越严重。0～0.1 s 为应力波动期,波动范围较大,冲击调整期为 0.1～0.3 s,煤岩体应力重新调整趋于平衡,巷道顶板和底板泥岩厚度较大,冲击动载在泥岩中衰减速度增加存在不对称波动现象,巷道在冲击作用下破坏严重,应力得到释放,平衡后应力较小。

图 5-18 所示为不同冲击位置巷道顶板和左帮位移变化量,冲击位置不同,动载作用于巷道位置不同,对巷道造成破坏方式不同。顶板冲击作用下顶板位移为 1.6 m,帮部位移为 0.8 m,动载先作用于巷道顶板造成严重破坏;帮部冲击作用下顶板位移为 0.9 m,帮部位移为 1.2 m,帮部作为迎波侧最先遭受冲击影响,冲击动载对帮部造成巨大破坏,巷道帮部破坏加剧了顶板破坏,使巷道完全失稳;顶帮冲击作用下顶板位移为 1.5 m,帮部位移为 0.5 m,冲击震动波对巷道的顶板和帮部均产生破坏效应。

图 5-19 所示为不同冲击位置塑性区状况,静载作用下巷道周围煤岩体应力较大,煤岩体达到其承载极限时,巷道周围煤岩体进入塑性区状态,巷道埋深越大,巷道周围煤岩体塑性区范围越大,加速了动载作用下塑性区的演化。静载作用下巷道顶板剪切破坏达 1 m 左右,巷道两帮主要为剪切拉伸破坏,拉剪破坏深度约为 3～4 m。动载作用下煤岩体塑性区状态发生改变,巷道顶底板纯剪切破坏转变为拉伸剪切破坏,巷道周围煤岩体塑性区进一步扩大,巷道顶板剪切破坏达到 8 m,底板剪切破坏 3 m 左右,巷道两帮塑性区由拉剪破坏再次经受剪切破坏范围达 9 m,巷道遭受严重破坏。

5.3.2 冲击能量对巷道破坏影响

研究表明冲击能量对巷道破坏和围岩稳定有一定影响[283],冲击地压发生主要受上覆岩层断裂影响,发生在巷道顶板位置较多[284]。为了模拟不同冲击能量对巷道破坏的影响,以顶板冲击为例,对冲击能量分别为 10^4 J、10^5 J、10^6 J 和 10^7 J 进行模拟,监测点为距离顶板和左帮 3 m 处,分析不同冲击能量下巷道破坏过程。

图 5-20 和图 5-21 所示为不同冲击能量下垂直应力和水平应力变化,冲击能量分别为 10^4 J、10^5 J、10^6 J 和 10^7 J 时,垂直应力分别为 11.2 MPa、15.3 MPa、17.9 MPa 和 26.0 MPa,水平应力分别为 8.6 MPa、11.1 MPa、12.5 MPa 和 19.5 MPa。随着冲击能量增加,垂直应力和水平应力增加。冲击能量大于 10^5 J 时,巷道稳定后垂直应力和水平应力较小,巷道在动载作用下破坏严重,导致了应力重新分布,应力减小。

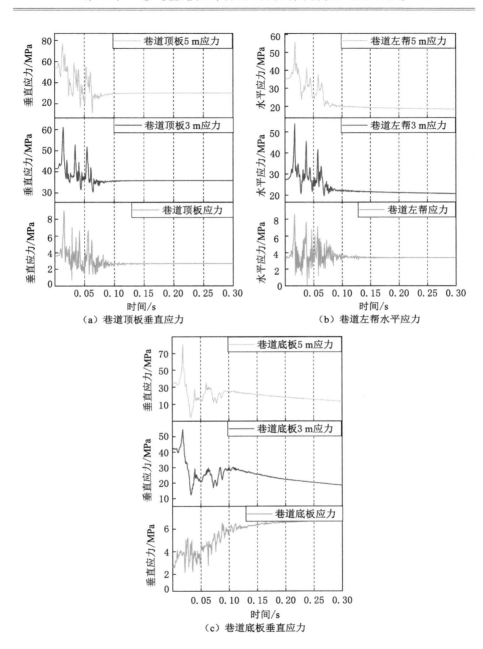

（a）巷道顶板垂直应力　　　　　　（b）巷道左帮水平应力

（c）巷道底板垂直应力

图 5-15　顶板冲击应力变化

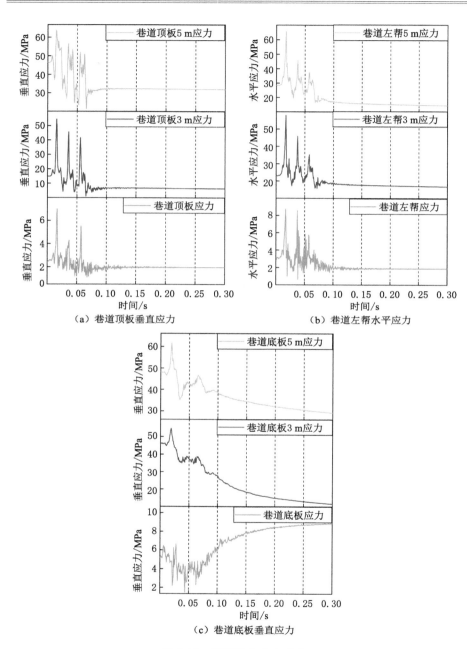

（a）巷道顶板垂直应力

（b）巷道左帮水平应力

（c）巷道底板垂直应力

图 5-16　顶帮冲击应力变化

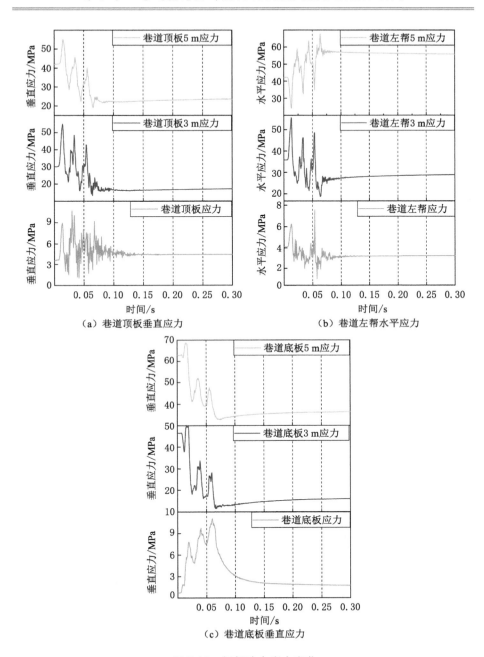

（a）巷道顶板垂直应力　　　　　　（b）巷道左帮水平应力

（c）巷道底板垂直应力

图 5-17　帮部冲击应力变化

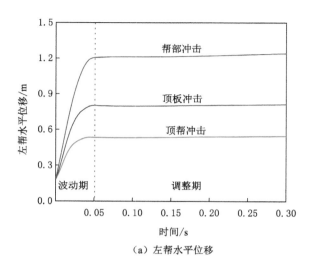

（a）左帮水平位移

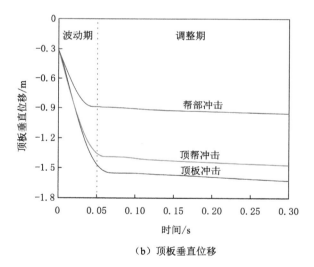

（b）顶板垂直位移

图 5-18　不同冲击位置位移变化曲线

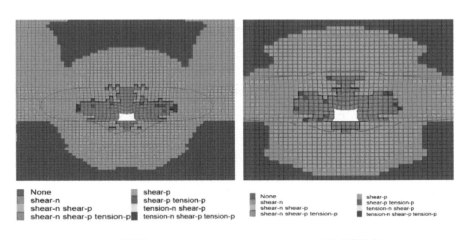

<table>
<tr><td>None</td><td></td><td>shear-p</td></tr>
<tr><td>shear-n</td><td></td><td>shear-p tension-p</td></tr>
<tr><td>shear-n shear-p</td><td></td><td>tension-n shear-p</td></tr>
<tr><td>shear-n shear-p tension-p</td><td></td><td>tension-n shear-p tension-p</td></tr>
</table>

（a）顶板冲击　　　　　　　　　　（b）顶帮冲击

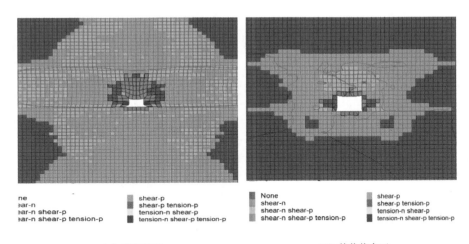

（c）帮部冲击　　　　　　　　　　（d）静载状态下

图 5-19　不同冲击位置塑性区

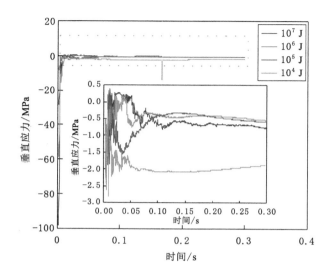

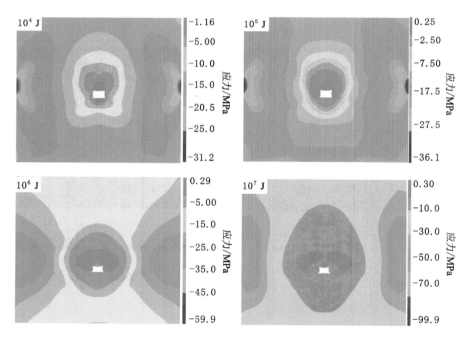

图 5-20   不同冲击能量垂直应力

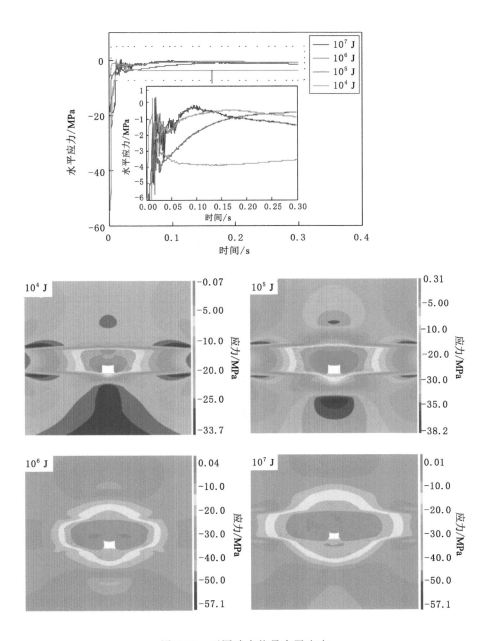

图 5-21 不同冲击能量水平应力

    图 5-22 和图 5-23 所示为不同冲击能量巷道顶板和帮部位移量,冲击能量越大,顶板和帮部位移量越大,巷道破坏越严重。冲击能量为 10^7 J 时,顶板最大位移为 1.4 m,帮部最大位移为 1.2 m;冲击能量为 10^6 J 时,顶板最大位移为 0.95 m,帮部最大位移为 0.8 m;冲击能量为 10^5 J 时,顶板最大位移为 0.44 m,帮部最大位移为 0.35 m;冲击能量为 10^4 J 时,顶板最大位移为 0.35 m,帮部最大位移为 0.25 m。随着冲击能量的增加,顶板和帮部位移量明显增加,顶板和帮部破坏严重,冲击能量大于 10^5 J,顶板位移大于 0.95 m,帮部位移大于 0.8 m,无弱结构时巷道已完全垮塌。

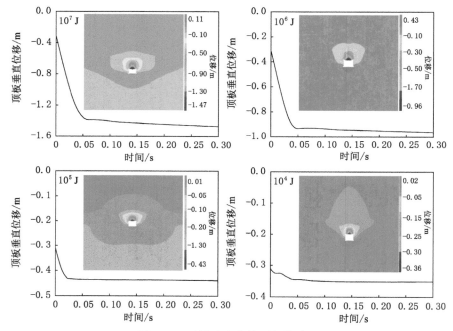

图 5-22　不同冲击能量顶板位移量

    图 5-24 所示为不同冲击能量塑性区分布,冲击能量越大,巷道围岩塑性区分布范围越大。冲击能量为 10^7 J,巷道顶板塑性区与震源塑性区完全贯通,巷道完全破坏;冲击能量为 10^6 J,巷道周围煤岩体完全破碎,顶底板、两帮破坏严重;冲击能量为 10^5 J,巷道顶底板塑性区没有完全贯通,顶底帮塑性区较大,帮部塑性区减小,巷道不会完全失稳;冲击能量为 10^4 J 时,巷道周围塑性区较小,巷道变形较小。冲击能量大于 10^5 J,巷道顶板、帮部和底板破坏严重,巷道完全失稳。

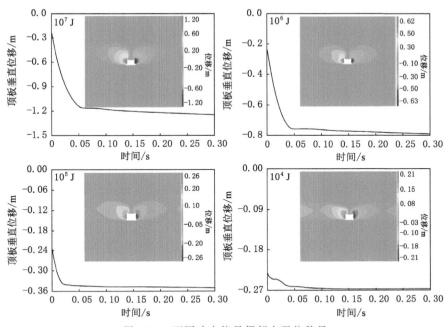

图 5-23　不同冲击能量帮部水平位移量

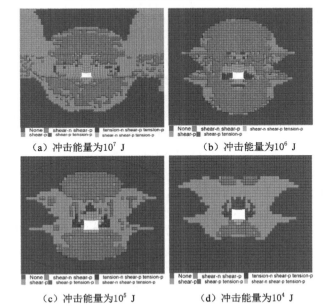

（a）冲击能量为10⁷ J　　　　（b）冲击能量为10⁶ J

（c）冲击能量为10⁵ J　　　　（d）冲击能量为10⁴ J

图 5-24　不同冲击能量塑性区分布

5.4 动载作用下巷道围岩弱结构吸能效应

动载作用下支护构件和支护材料无法抵抗 10^5 J 以上能量,巷道破坏严重,需要设置巷道围岩弱结构消波吸能,本节分析巷道围岩弱结构的吸能效应。依据 3.3 节巷道支护结构外设置宽为 5 m,高为 2 m 巷道围岩弱结构,弱结构致裂后裂隙相互贯通,因此模拟中巷道围岩弱结构的长为模型长度。煤岩样第 2 次弱化系数和最终弱化系数为 30%～50%,弱结构破裂度取煤体强度的 40%,分别对顶板冲击、帮部冲击和顶帮冲击,冲击能量为 10^4 J、10^5 J、10^6 J 和 10^7 J 进行分析。监测点在顶板 3 m 和左帮 3 m 处,通过巷道应力监测点变化分析巷道围岩弱结构吸能效应。

图 5-25 所示为顶板冲击作用下不同冲击能量应力变化。冲击能量为 10^7 J、10^6 J、10^5 J 和 10^4 J,无弱结构时顶板垂直应力分别为 26 MPa、17.9 MPa、15.3 MPa 和 11.2 MPa,帮部水平应力分别为 19.5 MPa、12.5 MPa、11.1 MPa 和 8.6 MPa;设置巷道围岩弱结构顶板垂直应力分别为 24.1 MPa、16.4 MPa、13.8 MPa 和 9.9 MPa,帮部水平应力分别为 18.6 MPa、11.7 MPa、10.1 MPa 和 7.7 MPa。无弱结构时,随着冲击能量的增加,应力增加;设置巷道围岩弱结构,冲击能量相同,顶板垂直应力和帮部水平应力减小,弱结构有效吸收了冲击能量,保护巷道不受冲击破坏。

图 5-26 所示为顶帮冲击作用下不同冲击能量应力变化。冲击能量为 10^7 J、10^6 J、10^5 J 和 10^4 J,无弱结构时顶板垂直应力分别为 30.2 MPa、22.7 MPa、17.5 MPa 和 11.2 MPa,帮部水平应力分别为 18.2 MPa、12.2 MPa、7.6 MPa 和 6.5 MPa;设置巷道围岩弱结构顶板垂直应力分别为 23.7 MPa、17.6 MPa、13.3 MPa 和 12.0 MPa,帮部水平应力分别为 16.9 MPa、11.2 MPa、6.8 MPa 和 5.7 MPa。无弱结构时,随着冲击能量增加,顶板垂直应力和帮部水平应力增加,设置巷道围岩弱结构可以有效吸收冲击能量,使垂直应力和水平应力减小,帮部水平应力减小趋势大于顶板垂直应力。

图 5-27 所示为帮部冲击作用下不同冲击能量应力变化。冲击能量为 10^7 J、10^6 J、10^5 J 和 10^4 J,无弱结构时顶板垂直应力分别为 20.9 MPa、14.7 MPa、12.8 MPa 和 7.9 MPa,帮部水平应力分别为 30.3 MPa、21.7 MPa、17.1 MPa 和 12.1 MPa;设置巷道围岩弱结构顶板垂直应力分别为 18.9 MPa、13.1 MPa、11.3 MPa 和 6.9 MPa,帮部水平应力分别为 24.5 MPa、17.3 MPa、13.3 MPa 和 9.2 MPa。无弱结构时,随着冲击能量增加,顶板垂直应力和帮部水平应力增加,帮部水平应力大于顶板垂直应力,设置巷道围岩弱结构可以有效吸收冲击能量,使垂直应力和水平应力减小。

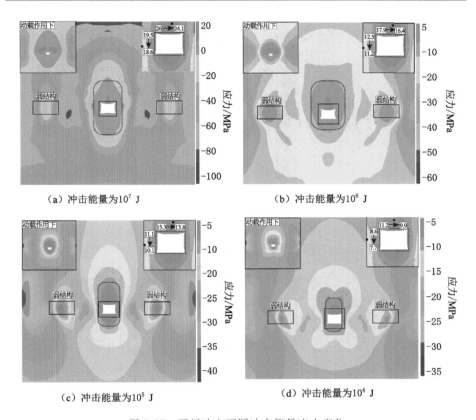

（a）冲击能量为10^7 J　　　　　（b）冲击能量为10^6 J

（c）冲击能量为10^5 J　　　　　（d）冲击能量为10^4 J

图 5-25　顶板冲击不同冲击能量应力变化

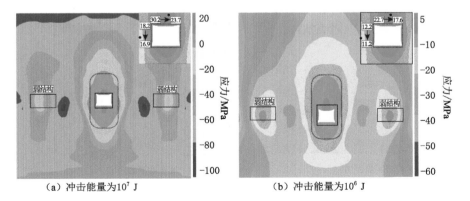

（a）冲击能量为10^7 J　　　　　（b）冲击能量为10^6 J

图 5-26　顶帮冲击不同冲击能量应力变化

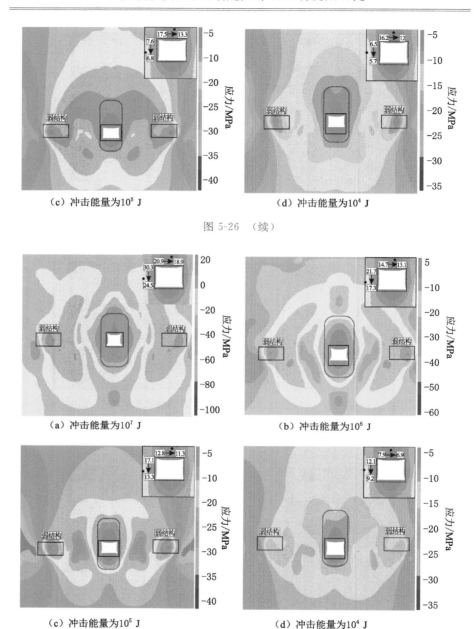

（c）冲击能量为10^5 J　　　　　　（d）冲击能量为10^4 J

图 5-26　（续）

（a）冲击能量为10^7 J　　　　　　（b）冲击能量为10^6 J

（c）冲击能量为10^5 J　　　　　　（d）冲击能量为10^4 J

图 5-27　帮部冲击不同冲击能量应力变化

　　表 5-3 为有无弱结构巷道围岩应力对比结果。冲击位置不同,顶板垂直应力和帮部水平应力不同,随着冲击能量的增加,应力逐渐增加,设置巷道围岩弱结构吸收了冲击能量,顶板垂直应力和帮部水平应力减小。顶板冲击作用下冲击能量分别为 10^7 J、10^6 J、10^5 J 和 10^4 J 时,顶板垂直应力下降率分别为 7.3%、8.4%、9.8% 和 11.6%,帮部水平应力下降率分别为 13.8%、6.4%、9.0% 和 10.5%;顶帮冲击作用下冲击能量分别为 10^7 J、10^6 J、10^5 J 和 10^4 J 时,顶板垂直应力下降率分别为 21.5%、22.5%、24.0% 和 25.9%,帮部水平应力下降率分别为 7.1%、8.2%、10.5% 和 12.3%;帮部冲击作用下冲击能量分别为 10^7 J、10^6 J、10^5 J 和 10^4 J 时,顶板垂直应力下降率分别为 9.6%、10.6%、11.7% 和 12.7%,帮部水平应力下降率分别为 19.1%、20.3%、22.2% 和 24.0%。冲击位置不同,应力下降率不同,顶板冲击与顶帮冲击相比,顶板垂直应力下降率为顶帮冲击大于顶板冲击,帮部水平应力下降率为顶板冲击大于顶帮冲击;帮部冲击与顶板冲击相比,顶板垂直应力下降率和帮部水平应力下降率均为帮部冲击大于顶板冲击;帮部冲击与顶帮冲击相比,顶板垂直应力下降率为顶帮冲击大于帮部冲击,帮部水平应力下降率为帮部冲击大于顶帮冲击。冲击能量越大,应力下降率越小,动载作用于巷道围岩弱结构被瞬间压实,巷道围岩弱结构吸收能量减少,应力下降率减小。

表 5-3　有无弱结构巷道围岩应力对比

冲击位置	冲击能量/J	无弱结构		设置弱结构		应力下降率	
		垂直应力/MPa	水平应力/MPa	垂直应力/MPa	水平应力/MPa	垂直应力/%	水平应力/%
顶板	10^7	26	19.5	24.1	18.6	7.3	13.8
	10^6	17.9	12.5	16.4	11.7	8.4	6.4
	10^5	15.3	11.1	13.8	10.1	9.8	9.0
	10^4	11.2	8.6	9.9	7.7	11.6	10.5
顶帮	10^7	30.2	18.2	23.7	16.9	21.5	7.1
	10^6	22.7	12.2	17.6	11.2	22.5	8.2
	10^5	17.5	7.6	13.3	6.8	24.0	10.5
	10^4	16.2	6.5	12.0	5.7	25.9	12.3

表 5-3(续)

冲击位置	冲击能量/J	无弱结构		设置弱结构		应力下降率	
		垂直应力/MPa	水平应力/MPa	垂直应力/MPa	水平应力/MPa	垂直应力/%	水平应力/%
帮部	10^7	20.9	30.3	18.9	24.5	9.6	19.1
	10^6	14.7	21.7	13.1	17.3	10.6	20.3
	10^5	12.8	17.1	11.3	13.3	11.7	22.2
	10^4	7.9	12.1	6.9	9.2	12.7	24.0

图 5-28 和图 5-29 为有无弱结构巷道围岩应力变化规律和应力下降率，设置巷道围岩弱结构巷道应力减小，顶板冲击作用下垂直应力平均下降率为 9.3%，水平应力平均下降率为 7.6%，顶帮冲击作用下垂直应力平均下降率为 23.5%，水平应力平均下降率为 9.5%，帮部冲击作用下顶板垂直应力平均下降率为 11.2%，水平应力平均下降率为 21.4%。设置弱结构后顶板应力下降率关系为：顶帮冲击＞帮部冲击＞顶板冲击，帮部水平应力下降率关系为：帮部冲击＞顶帮冲击＞顶板冲击，应力下降率越大，弱结构吸能效果越好。

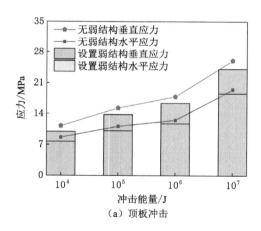

（a）顶板冲击

图 5-28　有无弱结构巷道围岩应力变化规律

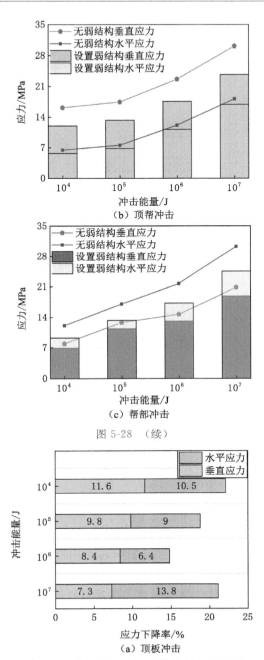

（b）顶帮冲击

（c）帮部冲击

图 5-28　（续）

（a）顶板冲击

图 5-29　有无弱结构巷道围岩应力下降率

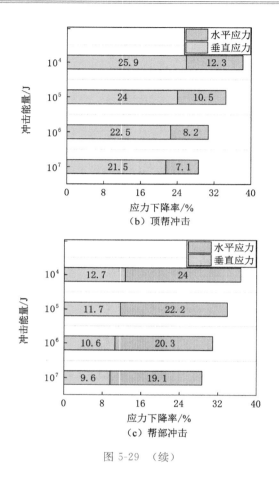

（b）顶帮冲击

（c）帮部冲击

图 5-29 （续）

5.5 巷道围岩弱结构关键尺度参数确定

巷道围岩弱结构尺寸和破裂度是影响弱结构吸能效果的主要因素，设置巷道围岩弱结构，巷道围岩应力减小，冲击对巷道围岩破坏作用减小。一维弹性波理论和 PFC 颗粒流软件模拟得到了巷道围岩弱结构破裂度越小，弱结构区域冲击波传播速度越小，弱结构吸能效果越好。巷道围岩弱结构破裂度一定，改变弱结构尺寸可以得到较好的吸能防冲效果，通过改变巷道围岩弱结构尺寸和破裂度，揭示不同尺寸及破裂度弱结构的吸能效果，确定巷道围岩弱结构关键尺度参数。

5.5.1　巷道围岩弱结构尺寸确定

尺寸对巷道围岩弱结构吸能效应有重要影响,弱结构尺寸影响范围初步设计为 5 m、10 m 和 15 m,考虑到煤矿现场施工方便性等因素,增加了 8 m 尺寸进行研究。弱结构尺寸分别为 5 m、8 m、10 m 和 15 m,弱结构破裂度取煤体强度的 40%,分析不同尺寸弱结构巷道围岩应力变化规律,揭示不同尺寸弱结构的吸能效应。

图 5-30 所示为顶板冲击作用下不同尺寸弱结构巷道应力情况,巷道围岩弱结构尺寸分别为 5 m、8 m、10 m 和 15 m,顶板垂直应力分别为 24.1 MPa、22.5 MPa、20.0 MPa 和 19.3 MPa,帮部水平应力分别为 18.6 MPa、18.1 MPa、16.8 MPa 和 15.9 MPa。巷道围岩弱结构尺寸越大,顶板垂直应力和帮部水平应力越小,顶板冲击作用下,设置巷道围岩弱结构,顶板应力大于帮部应力。

图 5-31 所示为顶板冲击作用下不同尺寸弱结构应力变化规律和下降率,弱结构尺寸不同,顶板垂直应力和帮部水平应力不同,弱结构尺寸为 5～10 m 时,巷道应力下降较快,应力下降率增加幅度明显;弱结构尺寸大于 10 m 应力下降缓慢,应力下降率平缓。综合分析顶板冲击作用下不同尺寸弱结构应力变化规律,弱结构尺寸为 10 m 比较合理。应力下降率与弱结构尺寸进行拟合,得到了对数函数关系,垂直应力下降率 κ 与弱结构尺寸 x 函数关系为: $\kappa = 39.9 \times \log(0.3 \times x)$;水平应力下降率 κ 与弱结构尺寸 x 函数关系为: $\kappa = 30.1 \times \log(0.27 \times x)$。弱结构尺寸增加,应力下降率趋于缓和。

图 5-32 所示为顶帮冲击作用下不同尺寸弱结构巷道应力变化情况,巷道围岩弱结构尺寸分别为 5 m、8 m、10 m 和 15 m,顶板垂直应力分别为 23.7 MPa、21.9 MPa、19.2 MPa 和 15.0 MPa,帮部水平应力分别为 16.9 MPa、15.3 MPa、14.5 MPa 和 13.5 MPa。顶板垂直应力和帮部水平应力随着弱结构尺寸增加逐渐减小,顶帮冲击作用下,设置巷道围岩弱结构,顶板应力大于帮部应力。与顶板冲击相比,顶板垂直应力和帮部水平应力较小,弱结构吸能效应增加。

图 5-33 所示为顶帮冲击作用下不同尺寸弱结构应力变化规律,弱结构尺寸不同,巷道围岩应力和应力下降率不同。弱结构尺寸为 5～10 m,顶板垂直应力和帮部水平应力下降明显,应力下降率增加幅度较大;弱结构尺寸大于 10 m,顶板垂直应力和帮部水平应力变化较小,应力下降率趋于缓和。根据应力变化规律和应力下降率可以看出,顶帮冲击作用下巷道围岩弱结构尺寸为 10 m 较为合理。应力下降率与弱结构尺寸进行拟合,得到了对数函数关系,垂直应力下降率 κ 与弱结构尺寸 x 函数关系为: $\kappa = 38.1 \times \log(0.37 \times x)$;水平应力下降率 κ 与弱结构尺寸 x 函数关系为: $\kappa = 39.6 \times \log(0.31 \times x)$。弱结构尺寸增加,应力下降率趋于缓和,与顶板冲击规律相似。

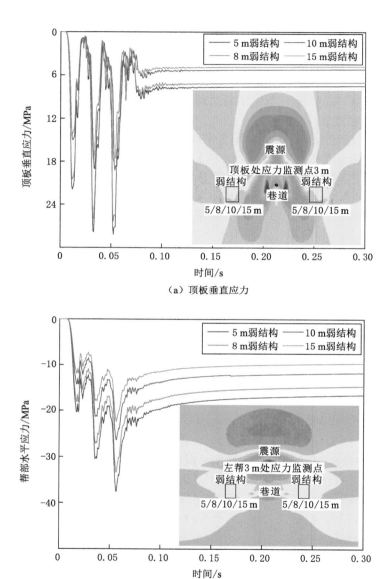

（a）顶板垂直应力

（b）帮部水平应力

图 5-30　顶板冲击不同尺寸弱结构应力变化曲线

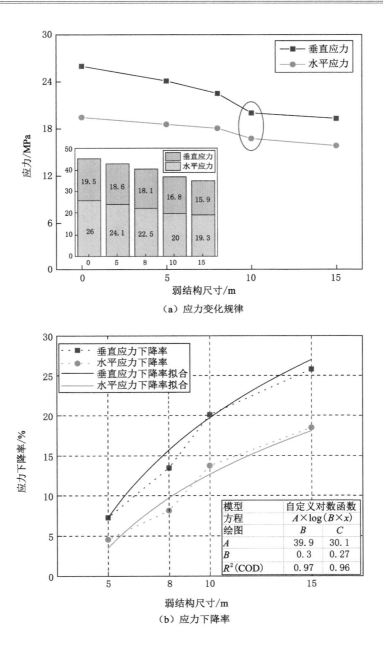

（a）应力变化规律

（b）应力下降率

图 5-31　顶板冲击不同尺寸弱结构应力变化规律

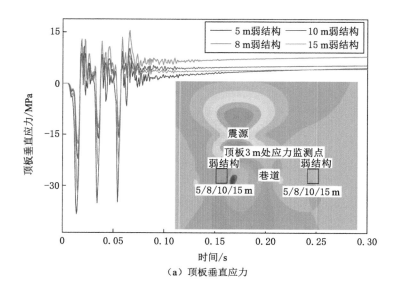

（a）顶板垂直应力

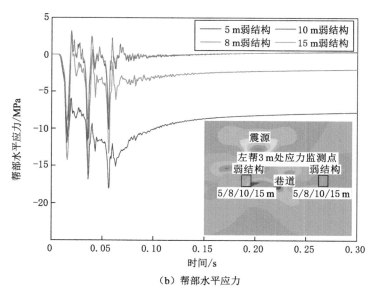

（b）帮部水平应力

图 5-32　顶帮冲击不同尺寸弱结构应力曲线

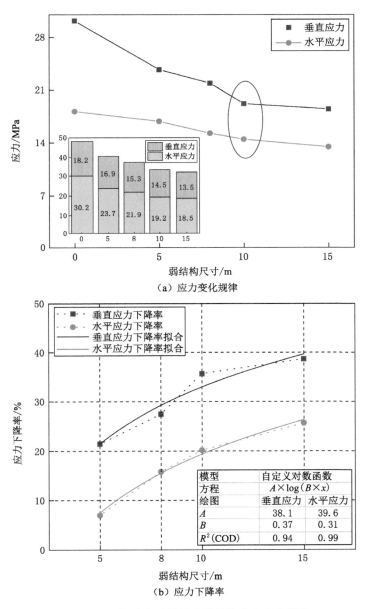

图 5-33　顶帮冲击不同尺寸弱结构应力变化规律

图 5-34 所示为帮部冲击作用下不同尺寸弱结构巷道围岩应力情况,巷道围岩弱结构尺寸分别为 5 m、8 m、10 m 和 15 m,顶板垂直应力分别为 18.9 MPa、16.3 MPa、14.6 MPa 和 13.4 MPa,帮部水平应力分别为 24.5 MPa、22.1 MPa、19.8 MPa 和 17.9 MPa。顶板垂直应力和帮部水平应力随着弱结构尺寸增加逐渐减小,帮部冲击作用下,设置巷道围岩弱结构,帮部水平应力大于顶板垂直应力。与顶板冲击和顶帮冲击相比,顶板垂直应力减小,帮部水平应力增大。

图 5-35 所示为帮部冲击作用下不同尺寸弱结构下应力变化规律。帮部冲击作用下,帮部水平应力下降较快,弱结构尺寸为 5～10 m 时,顶板垂直应力和帮部水平应力减小明显;弱结构尺寸大于 10 m,顶板垂直应力和帮部水平应力变化较小,应力下降率增加较大。

综合分析顶板冲击作用下不同尺寸弱结构应力变化规律,弱结构尺寸范围为 10～15 m 较为合理。应力下降率与弱结构尺寸进行拟合,得到了对数函数表达式。垂直应力下降率 κ 与弱结构尺寸 x 函数关系为:$\kappa = 56.3 \times \log(0.3 \times x)$;水平应力下降率 κ 与弱结构尺寸 x 函数关系为:$\kappa = 47.1 \times \log(0.5 \times x)$。弱结构尺寸增加,应力下降率趋于缓和,与顶板冲击和顶帮冲击规律相似,对数函数较好反映了应力下降率与弱结构尺寸间的关系。

不同尺寸巷道围岩弱结构顶板垂直应力和帮部水平应力对比见表 5-4,弱结构尺寸越大,顶板垂直应力和帮部水平应力越小。顶板冲击作用下,弱结构尺寸分别为 5 m、8 m、10 m 和 15 m 时,顶板垂直应力下降率分别为 7.3%、13.5%、23.1% 和 25.8%,帮部水平应力下降率分别为 4.6%、7.2%、13.8% 和 18.5%;顶帮冲击作用下,弱结构尺寸分别为 5 m、8 m、10 m 和 15 m 时,顶板垂直应力下降率分别为 21.5%、27.5%、35.7% 和 38.7%,帮部水平应力下降率分别为 7.1%、15.9%、20.3% 和 25.8%;帮部冲击作用下,弱结构尺寸分别为 5 m、8 m、10 m 和 15 m 时,顶板垂直应力下降率分别为 9.6%、22%、30.1% 和 35.9%,帮部水平应力下降率分别为 19.1%、27.1%、34.7% 和 40.9%。巷道围岩弱结构尺寸越大,弱结构对应力的衰减程度越大,应力下降率越大,吸能效果越好。冲击位置不同,应力下降率不同,顶板冲击与顶帮冲击相比,顶帮冲击作用下顶板垂直应力下降率和帮部水平应力下降率大于顶板冲击;帮部冲击与顶板冲击相比,帮部冲击作用下顶板垂直应力下降率和帮部水平应力下降率大于顶板冲击;帮部冲击与顶帮冲击相比,顶帮冲击作用下顶板垂直应力下降率大于帮部冲击,帮部冲击作用下帮部水平应力下降率大于顶帮冲击。弱结构尺寸越大,应力下降率越大,随着弱结构尺寸的增加,应力下降率趋于平缓。因此,考虑到现场施工条件及弱结构应力下降率,弱结构尺寸并非越大越好。

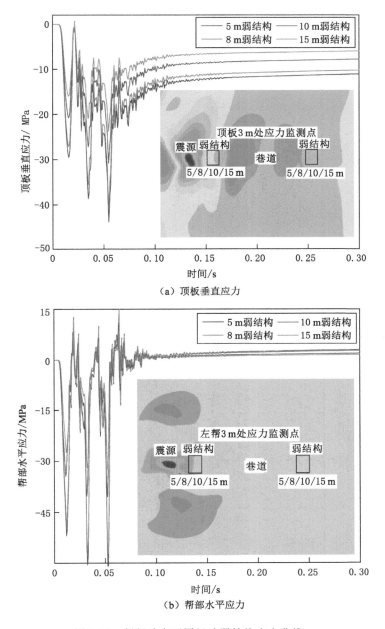

（a）顶板垂直应力

（b）帮部水平应力

图 5-34　帮部冲击不同尺寸弱结构应力曲线

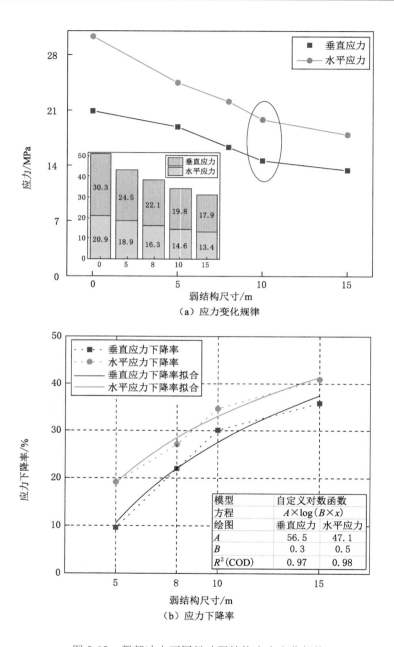

（a）应力变化规律

（b）应力下降率

图 5-35 帮部冲击不同尺寸弱结构应力变化规律

表 5-4　不同尺寸弱结构应力对比分析

震源位置	无弱结构		设置弱结构			下降率	
	垂直应力/MPa	水平应力/MPa	尺寸/m	垂直应力/MPa	水平应力/MPa	垂直应力/%	水平应力/%
顶板	26	19.5	5	24.1	18.6	7.3	4.6
			8	22.5	18.1	13.5	7.2
			10	20	16.8	23.1	13.8
			15	19.3	15.9	25.8	18.5
顶帮	30.2	18.2	5	23.7	16.9	21.5	7.1
			8	21.9	15.3	27.5	15.9
			10	19.2	14.5	35.7	20.3
			15	18.5	13.5	38.7	25.8
帮部	20.9	30.3	5	18.9	24.5	9.6	19.1
			8	16.3	22.1	22	27.1
			10	14.6	19.8	30.1	34.7
			15	13.4	17.9	35.9	40.9

图 5-36 所示为不同尺寸巷道围岩弱结构应力变化,顶板冲击、帮部冲击和顶帮冲击作用下,弱结构尺寸分别为 5 m、8 m、10 m 和 15 m,顶板垂直应力和帮部水平应力不同。巷道围岩弱结构尺寸越大,顶板垂直应力和帮部水平应力越小,弱结构吸能效果越好。随着巷道围岩弱结构尺寸增加,应力减小趋于缓和。综合分析顶板垂直应力和帮部水平应力下降趋势,得出巷道围岩弱结构尺寸范围为 10～15 m 较好。

图 5-37 所示为不同尺寸巷道围岩弱结构应力下降率规律及拟合曲线。对不同位置不同尺寸弱结构应力下降率进行分析,将不同尺寸巷道围岩弱结构平均应力下降率进行拟合,得到了对数函数表达式:$\kappa = 41.9 \times \log(0.38 \times x)$,对数函数关系较好体现了巷道围岩弱结构尺寸与应力下降率的关系。随着巷道围岩弱结构尺寸不断增加,应力下降率逐渐趋于缓和。

5.5.2　巷道围岩弱结构破裂度确定

破裂度对巷道围岩弱结构吸能效应也有重要影响,煤样峰值应力弱化系数为 5.8%～73.2%,破裂度过大对冲击能量吸收较小,破裂度过小现场施工困难。因此,弱结构破裂度取煤体强度 20%、30%、40% 和 50%,设置巷道围

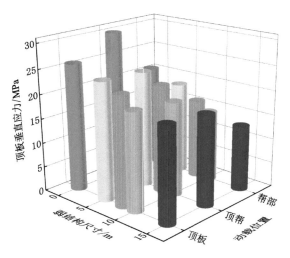

（a）顶板垂直应力

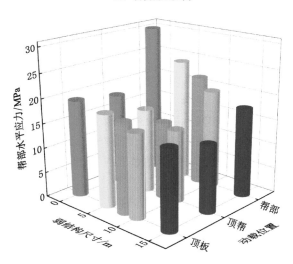

（b）帮部水平应力

图 5-36　不同尺寸巷道围岩弱结构应力变化

岩弱结构尺寸为 10 m、高度为 2 m,冲击位置分别为顶板冲击、帮部冲击和顶帮冲击,冲击能量为 10^7 J 进行模拟,分析不同破裂度弱结构巷道围岩应力变化。

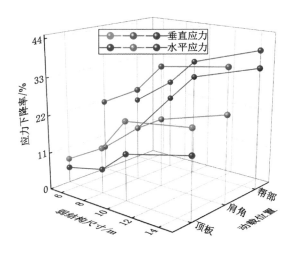

（a）应力下降率

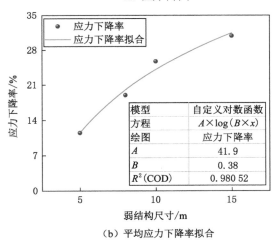

（b）平均应力下降率拟合

图 5-37   不同尺寸巷道围岩弱结构应力下降率

图 5-38 所示为顶板冲击作用下不同破裂度巷道围岩应力变化，弱结构破裂度分别为煤体强度 50%、40%、30% 和 20%，顶板垂直应力分别为 22.3 MPa、20.0 MPa、16.3 MPa 和 12.1 MPa，帮部水平应力分别为 17.2 MPa、16.8 MPa、13.6 MPa 和 11.2 MPa，巷道围岩弱结构破裂度越小，顶板垂直应力和帮部水平应力越小，设置巷道围岩弱结构，顶板应力大于帮部应力。

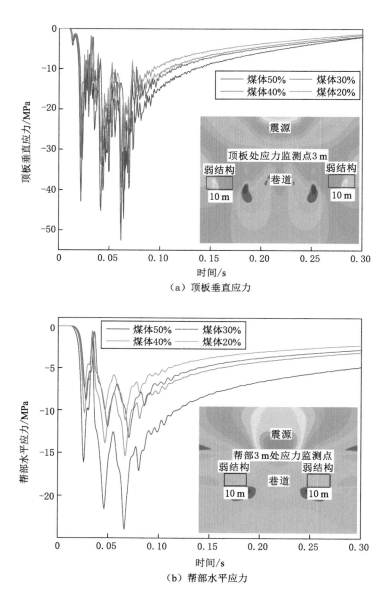

（a）顶板垂直应力

（b）帮部水平应力

图 5-38　顶板冲击不同破裂度应力变化量

图 5-39 所示为顶板冲击作用下不同破裂度巷道围岩应力变化规律和下降率,顶板垂直应力比帮部水平应力变化明显,弱结构破裂度小于煤体强度 40% 时,巷道应力下降较大;弱结构破裂度大于煤体强度 40% 时,应力下降缓慢,对比顶板垂直应力和帮部水平应力下降率可以看出,顶板垂直应力下降率大于帮部水平应力下降率,顶板冲击作用下巷道围岩弱结构破裂度为煤体强度 40% 较好。拟合弱结构破裂度与应力下降率,得到幂函数关系,垂直应力下降率 κ 与弱结构破裂度 φ 函数关系为:$\kappa = 7.42 \times \varphi^{-1.24}$;水平应力下降率 κ 与弱结构破裂度 φ 函数关系为:$\kappa = 5.06 \times \varphi^{-1.34}$。弱结构破裂度越小,应力下降率越大,现场施工条件要求越高。

图 5-40 所示为顶帮冲击作用下不同破裂度巷道围岩应力变化情况,弱结构破裂度分别为煤体强度 50%、40%、30% 和 20%,巷道顶板垂直应力分别为 21.4 MPa、19.2 MPa、16.5 MPa 和 14.6 MPa,帮部水平应力分别为 16.1 MPa、14.5 MPa、12.1 MPa 和 9.6 MPa,巷道围岩弱结构破裂度越小,顶板垂直应力和帮部水平应力越小,设置巷道围岩弱结构,顶板应力大于帮部应力。与顶板冲击相比,顶板垂直应力和帮部水平应力较小,弱结构吸能效应增加。

图 5-41 所示为顶帮冲击作用下不同破裂度巷道围岩应力变化规律,弱结构破裂度小于煤体强度 40% 时,巷道应力下降较大;弱结构破裂度大于煤体强度 40% 时,应力下降较小,综合分析应力变化规律和应力下降率得出弱结构破裂度为煤体强度 40% 时较好,拟合弱结构破裂度与应力下降率,得到幂函数关系,垂直应力下降率 κ 与弱结构破裂度 φ 函数关系为:$\kappa = 20.9 \times \varphi^{-0.58}$;水平应力下降率 κ 与弱结构破裂度 φ 函数关系为:$\kappa = 6.31 \times \varphi^{-1.27}$。弱结构破裂度越小,应力下降率越大,现场施工要求越高,与顶板冲击规律相似。

图 5-42 所示为帮部冲击作用下不同破裂度巷道围岩应力变化,弱结构破裂度分别为煤体强度 50%、40%、30% 和 20%,巷道顶板垂直应力分别为 15.7 MPa、14.6 MPa、12.1 MPa 和 9.9 MPa,帮部水平应力分别为 21.6 MPa、19.8 MPa、15.8 MPa 和 13.1 MPa,顶板垂直应力和帮部水平应力随着弱结构破裂度增加逐渐增大,帮部冲击作用下,设置巷道围岩弱结构,帮部应力大于顶板应力。与顶板冲击和顶帮冲击相比,顶板垂直应力减小,帮部水平应力增大。

图 5-43 所示为帮部冲击作用下不同破裂度巷道围岩应力变化,帮部冲击作用下帮部水平应力下降较快,弱结构破裂度小于煤体强度 40% 时,顶板垂直应力和帮部水平应力下降比较明显,弱结构破裂度大于煤体强度 40% 时,应力下降趋于缓和,垂直应力和水平应力下降率存在同样的规律。根据应力

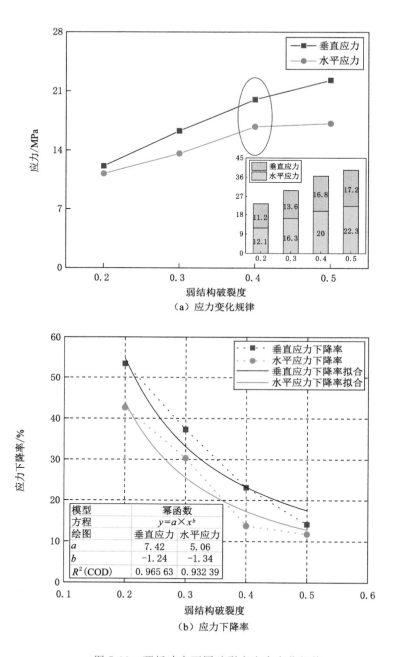

图 5-39　顶板冲击不同破裂度应力变化规律

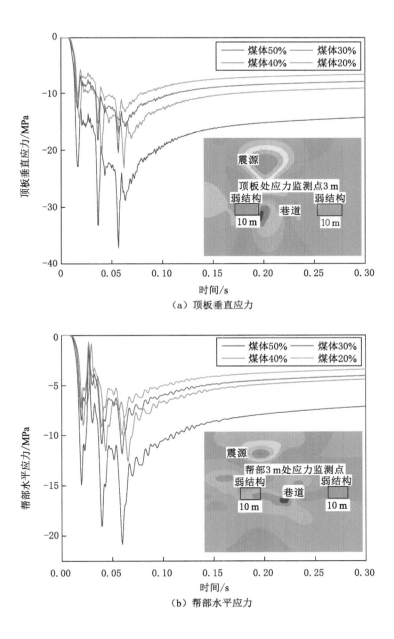

（a）顶板垂直应力

（b）帮部水平应力

图 5-40　顶帮冲击不同破裂度应力变化量

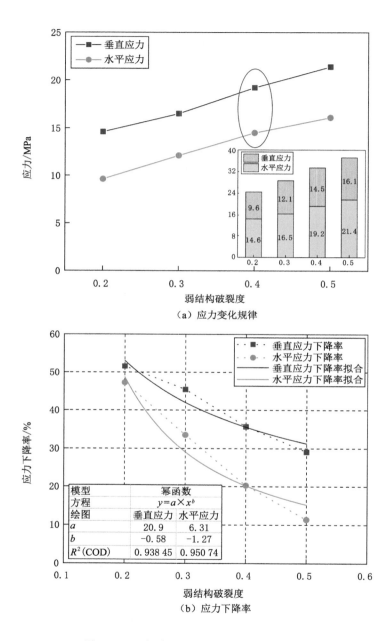

（a）应力变化规律

（b）应力下降率

图 5-41　顶帮冲击不同破裂度应力变化规律

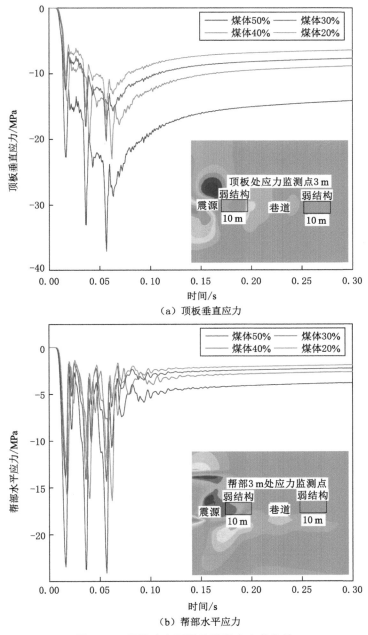

（a）顶板垂直应力

（b）帮部水平应力

图 5-42　帮部冲击不同破裂度应力变化量

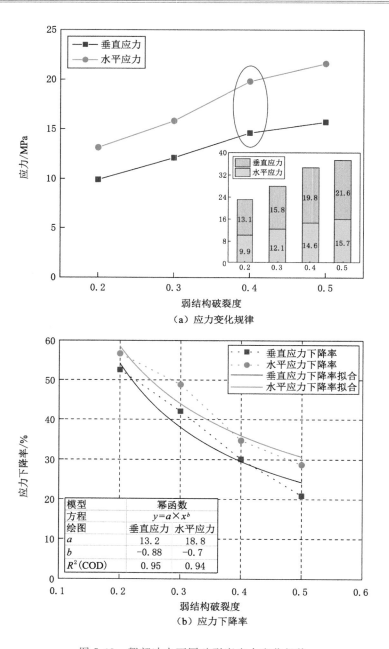

（a）应力变化规律

（b）应力下降率

图 5-43　帮部冲击不同破裂度应力变化规律

变化规律和应力下降率得出弱结构破裂度为煤体强度 40% 时较好。拟合弱结构破裂度与应力下降率关系,得到幂函数表达式,垂直应力下降率 κ 与弱结构破裂度 φ 函数关系为:$\kappa = 13.2 \times \varphi^{-0.88}$;水平应力下降率 κ 与弱结构破裂度 φ 函数关系为:$\kappa = 18.8 \times \varphi^{-0.7}$。弱结构破裂度越小,应力下降率越大,现场施工要求越高,与顶板冲击和顶帮冲击规律相似。

不同破裂度巷道围岩应力对比见表 5-5,弱结构破裂度越小,应力越小,应力下降率越大。顶板冲击作用下,弱结构破裂度取煤体强度 50%、40%、30% 和 20%,垂直应力下降率分别为 14.2%、23.1%、37.3% 和 53.5%,水平应力下降率分别为 11.8%、13.8%、30.8% 和 42.6%;顶帮冲击作用下,弱结构破裂度取煤体强度 50%、40%、30% 和 20%,垂直应力降低率分别为 29.1%、35.7%、45.4% 和 51.6%,水平应力的下降率分别为 11.5%、20.3%、33.5% 和 47.2%;帮部冲击作用下,弱结构破裂度分别取煤岩体参数 50%、40%、30% 和 20%,垂直应力下降率分别为 24.9%、30.1%、42.1% 和 52.6%,水平应力下降率分别为 28.7%、34.7%、48.8% 和 56.5%。冲击能量相同,巷道围岩弱结构尺寸相同,破裂度越小,应力下降率越大,弱结构对应力的衰减程度越大,吸能效果越好。冲击位置不同,应力下降率不同,顶板冲击与顶帮冲击相比,顶帮冲击作用下顶板垂直应力下降率和帮部水平应力下降率大于顶板冲击;帮部冲击与顶板冲击相比,帮部冲击作用下顶板垂直应力下降率和帮部水平应力下降率大于顶板冲击;帮部冲击与顶帮冲击相比,顶帮冲击作用下顶板垂直应力下降率大于帮部冲击,帮部冲击作用下帮部水平应力下降率大于顶帮冲击。弱结构破裂度越小,应力下降率越大,对现场施工要求越高。因此,考虑到现场施工条件及弱结构应力下降率,弱结构破裂度并非越小越好。

表 5-5　不同破裂度弱结构应力对比分析

震源位置	无弱结构		设置弱结构			下降率	
	垂直应力 /MPa	水平应力 /MPa	破裂度	垂直应力 /MPa	水平应力 /MPa	垂直应力 /%	水平应力 /%
顶板	26	19.5	50%	22.3	17.2	14.2	11.8
			40%	20	16.8	23.1	13.8
			30%	16.3	13.6	37.3	30.3
			20%	12.1	11.2	53.5	42.6

表 5-5(续)

震源位置	无弱结构		设置弱结构			下降率	
	垂直应力/MPa	水平应力/MPa	破裂度	垂直应力/MPa	水平应力/MPa	垂直应力/%	水平应力/%
顶帮	30.2	18.2	50%	21.4	16.1	29.1	11.5
			40%	19.2	14.5	35.7	20.3
			30%	16.5	12.1	45.4	33.5
			20%	14.6	9.6	51.6	47.2
帮部	20.9	30.3	50%	15.7	21.6	24.9	28.7
			40%	14.6	19.8	30.1	34.7
			30%	12.1	15.8	42.1	48.8
			20%	9.9	13.1	52.6	56.7

图 5-44 所示为不同破裂度巷道围岩应力变化关系。巷道围岩弱结构破裂度越小,巷道应力越小,巷道围岩弱结构吸能效果越好。综合分析顶板垂直应力和帮部水平应力下降趋势,得出巷道围岩弱结构破裂度取煤体强度 40% 较好,巷道围岩弱结构破裂度受煤岩体力学参数和现场致裂效果影响。

图 5-45 所示为不同冲击位置不同弱结构破裂度应力下降率,可以看出随着弱结构破裂度的减小,应力下降率增加,破裂度对应力下降率有重要的影响。

图 5-46 所示为不同破裂度弱结构应力下降率拟合曲线,对不同破裂度弱结构下降率进行分析,对不同破裂度弱结构下的平均应力下降率进行拟合,得到了幂函数关系:$\kappa = 11.5 \times \varphi^{-0.94}$,幂函数关系较好体现了弱结构破裂度与应力下降率的关系。

5.5.3 巷道围岩弱结构尺度参数确定

对不同尺寸弱结构的平均应力下降率进行拟合,得到了对数函数关系:$\kappa = 41.9 \times \log(0.38 \times x)$;不同破裂度弱结构的平均应力下降率进行拟合,得到了幂函数关系:$\kappa = 11.5 \times \varphi^{-0.94}$。用对数函数关系表达式对弱结构尺寸为 5 m、10 m、15 m、20 m、25 m 的应力下降率进行计算,用幂函数关系表达式对弱结构破裂度为煤体强度 20%、30%、40%、50%、60% 和 70% 的应力下降率进行计算,综合分析得到如图 5-47 所示不同尺寸及破裂度弱结构的应力下降率规律和关系图。

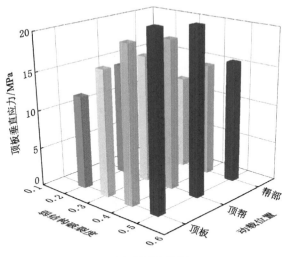

（a）顶板垂直应力

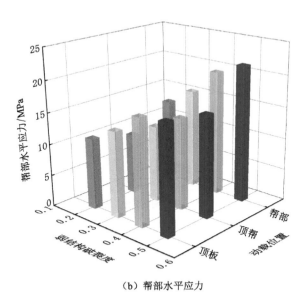

（b）帮部水平应力

图 5-44　不同破裂度弱结构应力变化关系

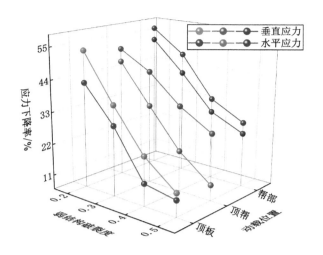

图 5-45　不同破裂度弱结构应力下降率

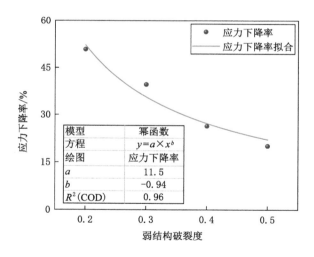

图 5-46　不同破裂度弱结构应力下降率拟合

　　对不同尺寸及破裂度弱结构巷道围岩应力下降率进行拟合分析,巷道围岩弱结构尺寸范围为 10～15 m、破裂度为煤体强度 30％～40％时,应力下降率为 30％,吸能效果较好。现场施工过程中巷道围岩弱结构尺寸范围容易测量,但是巷道围岩弱结构破裂度还没有较好的描述和计算测量方法,今后需对巷道围岩弱结构现场实施后弱结构破裂度描述进一步研究。

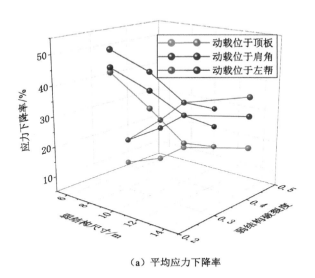

（a）平均应力下降率

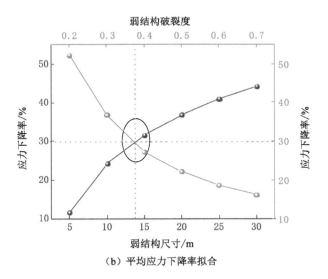

（b）平均应力下降率拟合

图 5-47　尺寸与破裂度对应力影响

5.6 本章小结

基于 FLAC 3D 数值模拟软件,研究了冲击位置和冲击能量对围岩破坏机理的影响,提出了巷道围岩弱结构尺寸和破裂度的表征方法,建立了巷道围岩弱结构吸能防冲与关键尺度参数的关系,结论如下:

① 冲击位置相同,冲击能量越大,巷道破坏越严重,冲击能量大于 10^5 J,巷道顶板和帮部位移量大于 0.95 m 和 0.8 m;冲击能量相同,顶板破坏程度为顶板冲击>顶帮冲击>帮部冲击,帮部破坏程度为帮部冲击>顶板冲击>顶帮冲击。

② 设置巷道围岩弱结构后顶板应力下降率为顶帮冲击>帮部冲击>顶板冲击,帮部水平应力下降率为帮部冲击>顶帮冲击>顶板冲击,巷道围岩弱结构吸能效果越好,应力下降率越大。

③ 巷道围岩弱结构尺寸越大,顶板垂直应力和帮部水平应力越小,弱结构吸能效果越好,拟合得到了巷道围岩应力下降率与弱结构尺寸呈对数函数关系:$\kappa = 41.9 \times \log(0.38 \times x)$,随着巷道围岩弱结构尺寸的增加,应力下降率逐渐减小。

④ 巷道围岩弱结构破裂度越小,巷道应力越小,巷道围岩弱结构吸能效果越好,对现场施工要求越高,得到了巷道围岩应力下降率与弱结构破裂度幂函数关系:$\kappa = 11.5 \times \varphi^{-0.94}$,较好体现了弱结构破裂度与应力下降率的关系。

⑤ 巷道围岩弱结构尺寸范围为 10~15 m,破裂度为煤体强度 30%~40%时,此时应力下降率为 30%,吸能效果较好,现场施工过程中巷道围岩弱结构的尺寸范围容易测量,但巷道围岩弱结构的破裂度还没有较好的描述和计算测量方法。

第 6 章　弱结构吸能防冲与巷道支护结构协同作用机制

提高巷道支护强度,设置巷道围岩弱结构消波吸能,形成冲击地压巷道围岩弱结构防冲-支护结构有利于巷道稳定。巷道围岩弱结构需要使煤岩体破裂松散,弱化周围煤岩体性质;而巷道支护结构要求煤岩体完整,达到支护效果,造成了巷道围岩弱结构吸能防冲与支护结构完整性的不协调矛盾,如何解决巷道围岩弱结构吸能防冲与支护结构完整性协同控制成为本章研究的重点。

6.1　弱结构吸能防冲与巷道支护结构的互逆性

巷道掘进过程中力源可分为静载力源和动载力源,巷道埋深所处的自重应力与巷道围岩周边构造应力是主要静载力源,自重应力与开采深度呈正比,埋深越大,自重应力越大。应力分布不均匀使煤岩体的采动应力大于垂直应力,造成应力梯度变化,增加了煤岩体失稳破坏。动载力源受岩层破断、断层移动等影响。

自重应力与构造应力构成的静载力源是巷道冲击地压发生的基本条件,动载力源是诱发巷道冲击地压的主要原因。如图 6-1 所示为巷道围岩弱结构作用下应力分布规律,动载应力通过不同岩层传递到巷道附近,动静载应力的叠加使巷道围岩应力增加。如图 6-1(a)所示为巷道两侧均为实体煤,巷道两侧的应力分布呈对称式分布,由于巷道的开挖,应力得到释放,巷道开挖区域为应力降低区域,两侧实体煤未受开采扰动,应力逐渐增大,弱结构设置后,静载应力逐渐向深部转移。如图 6-1(b)所示为区段煤柱巷道,区段煤柱宽度不同,采空区的侧向支撑压力与煤岩体自重应力叠加,使区段煤柱侧弱化,采空区侧应力得到释放,使煤柱侧的应力低于原岩应力,无须设置弱结构[285-286]。

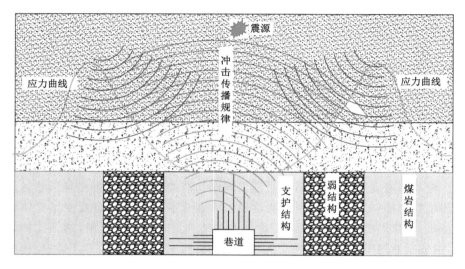

（a）实体巷道

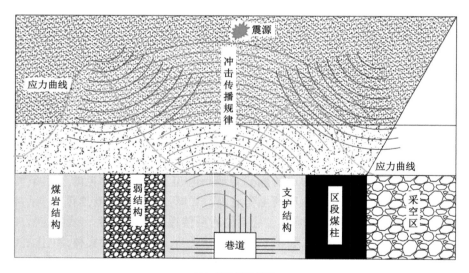

（b）区段煤柱巷道

图 6-1 应力分布规律

在巷道两帮应力集中区域或者支护区域外设置弱结构,使巷道围岩积聚的弹性能进行转移,使巷道围岩应力降低[287-288]。弱结构设置后,巷道围岩应力重新分布,弱结构致裂形成的破碎区、塑性区等区域吸收静载高应力和动载应力,减小巷道顶底板和两帮应力集中。煤岩体致裂形成巷道围岩弱结构不仅能够转移吸收高应力,同时具有一定的支护承载能力。巷道围岩弱结构只是将煤岩体致裂,不需要破碎煤岩体,巷道围岩弱结构在吸能防冲的同时可以支撑上覆岩层,也可使坚硬煤岩体转变为吸能防冲结构。

巷道围岩弱结构将煤岩体进行破碎,劣化围岩完整性,对巷道支护结构造成破坏和损伤,导致巷道煤岩体完整性遭到破坏,煤岩体承载力下降,巷道围岩强度大幅度降低,进而使巷道周围煤岩体变形严重;然而支护需要完整煤岩体达到支护效果,煤岩体不能满足自身的稳定性,使巷道支护效果减弱,造成了巷道围岩弱结构与支护结构的互逆关系。

6.2　弱结构吸能防冲与巷道支护结构的协同性

巷道围岩弱结构吸能防冲需弱化煤岩体,弱化后煤岩体强度降低,出现支护系统失效,巷道围岩承载能力下降,"弱结构吸能防冲"和"支护结构抗冲"既对立又统一,巷道围岩弱结构吸能防冲与支护结构协同性如下:

(1)支护加固具有卸压作用

巷道支护方式为锚杆(索)锚网支护,巷道开挖后,对巷道顶板和两帮及时施工锚杆、锚索和锚网,锚网(索)等支护材料与巷道煤岩体成为一个支护整体,满足巷道静载和较小冲击下支护结构和支护体系的完整性。让压管、O型棚和防冲液压支架能达到支护效果又可快速平稳吸能,静载作用下不变形维持巷道稳定性,动载作用下可以迅速吸收冲击地压能量,起到吸能防冲效果。支护加固能够吸收经过巷道围岩弱结构传递到煤岩体的能量,一定范围内保持巷道支护结构整体性和巷道的稳定性,起到了支护卸压作用,满足巷道围岩支护结构"支中有卸"的协同性。

(2)设置巷道围岩弱结构吸能防冲不破坏支护结构

巷道围岩弱结构吸能防冲减小静载高应力和动载对巷道围岩和支护结构的影响,巷道围岩弱结构将煤岩体致裂出裂隙,并非将煤岩体进行完全破碎,在高静载和动载的多次作用下,巷道围岩弱结构逐渐被压实,失去了转移高静载吸收动载的作用,因此,需要保证巷道煤岩体完整前提下再次或多次致裂弱结构。内置钢管支撑护壁技术在设置巷道围岩弱结构的同时保护了巷道围岩不受破坏,达到了巷道围岩弱结构吸能防冲不破坏支护结构的目的,满足巷道围岩弱结构吸能防冲与支护结构"弱中有强"的协同性。

（3）巷道围岩弱结构致裂适中有度

巷道围岩弱结构将煤岩体致裂出裂隙,形成防冲弱结构仍具有支护作用。致裂巷道围岩弱结构需对煤岩体的物理力学参数进行试验,确定合理的致裂参数与装备,致裂过程中保护支护结构不受破坏,减少巷道围岩弱结构致裂对巷道支护的影响。确保弱结构致裂适度,既可以达到弱结构吸能效果,又不影响支护结构完整性。

（4）支护加固适当合理

结合巷道地质条件对巷道适当进行支护加固,不仅可以提高巷道围岩的支护效果,而且可以吸收冲击动载经巷道围岩弱结构衰减后的残余能量,提高巷道整体抗冲击能力,减小巷道变形量。巷道支护不能无限加固,根据巷道所处的应力环境和地质条件进行适当加固,确保支护效果及支护成本经济合理。

6.3 弱结构反复钻孔致裂构建技术机理

6.3.1 内置钢管支撑护壁技术

巷道支护结构强度和围岩完整性对巷道支护效果有重要影响,巷道内常用的卸压方式为钻孔卸压和爆破卸压等,不同的卸压方式对巷道支护的稳定性产生一定的破坏作用,通过有限元模拟分析内置钢管支撑护壁技术对巷道围岩强度和支护结构完整性的控制作用,分析巷道围岩应力、位移和煤岩体破坏规律。

依据义马常村煤矿 21170 运输巷地质条件,钻孔垂直于巷道两帮施工,钻孔直径为 110 mm,钻孔长度为 10 m,钻孔间距为 1 m。采用 FLAC 3D 对内置钢管支撑护壁技术效果进行模拟,内置钢管支撑护壁技术模拟示意图如图 6-2 所示,巷道及支护参数与现场相同。分析内置钢管支撑护壁技术对巷道支护结构的保护作用,模型长×宽×高＝60 m×50 m×50 m,采用摩尔-库仑准则,弱结构致裂钻孔直径为 110 mm,水平、底边界约束位移,上边界施加荷载 17.25 MPa。

钢管体采用线弹性本构模型,弹性模量 $E＝210$ GPa,壁厚 0.045 m,煤体采用 Mohr-Coulomb 弹塑性模型,根据煤体性质体积模量 $E＝4.8$ GPa,剪切模量 $G＝3.6$ GPa,密度 1 400 kg/m³,抗拉强度 0.8 MPa,黏聚力 $C＝1.1$

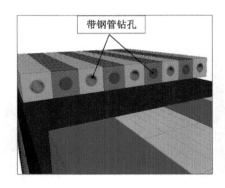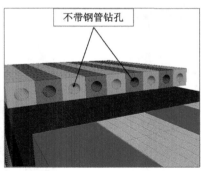

图 6-2　内置钢管支撑护壁模拟示意图

MPa。钢管采用柱形壳体网格,网格划分尽可能均匀,钢管与煤体接触处网格保持一致。两者之间设置钢管煤接触面,钢管侧的接触面处采用中间为空心的柱体网格。

图 6-3 为钻孔与内置钢管有限元计算模型示意图。经过有限元数值模拟计算,得到了钻孔与内置钢管下巷道围岩的应力、位移和塑性区结果。图 6-4 为钻孔和内置钢管作用垂直应力云图。设置钻孔后无钢管保护作用下,钻孔的应力逐渐减小,钻孔周边应力约为 5 MPa 左右,起到了卸压作用,钻孔在内置钢管保护下应力无法释放,达到 15~20 MPa,钻孔在内置钢管的作用下未发生破坏,巷道围岩保持完整。

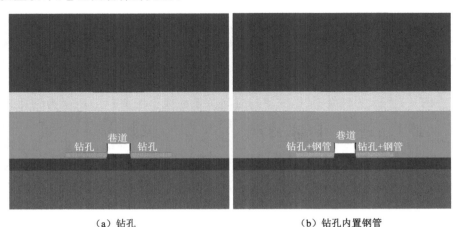

　　　　（a）钻孔　　　　　　　　　　　　　（b）钻孔内置钢管

图 6-3　钻孔与内置钢管计算

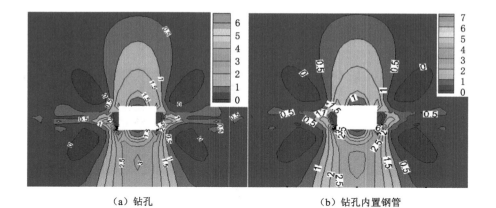

（a）钻孔　　　　　　　　　　　　　（b）钻孔内置钢管

图 6-4　垂直方向应力图

图 6-5 为钻孔和内置钢管作用下水平位移图。钻孔无内置钢管保护作用下,巷道两帮的水平位移破坏较大,达到 10 m 左右,设置钻孔起到卸压的同时破坏了围岩完整性。钻孔在内置钢管保护作用下钻孔水平位移较小,破坏范围仅 1 m 左右。钻孔内置钢管基本不发生位移,而钻孔无内置钢管围岩位移是内置钢管位移的 10 倍。

图 6-6 所示为钻孔和内置钢管作用下塑性破坏区,钻孔无内置钢管塑性区范围是内置钢管的 5~8 倍,在致裂钻孔中内置钢管,钻孔周围的塑性区明显减小,钻孔无内置钢管,塑性区较大,影响了巷道支护结构的稳定性。

钻孔在高应力和大蠕变作用下,内置钢管保护作用对巷道位移有较大影响。巷道达到平衡后,采用 Burger 蠕变模型进行塑性区和位移变化计算,最大时间步长为 0.04,计算时间为 200 d,在整个过程中记录了巷道的蠕变量和蠕变速率。

图 6-7 所示为蠕变量、蠕变率与时间关系曲线。图 6-7(a)所示为钻孔无内置钢管时巷道顶板和帮部位移变化和蠕变关系,巷道顶板最大位移为 1 088 mm,巷道帮部最大位移为 733 mm,图 6-7(b)所示为内置钢管保护下巷道顶板和帮部变化关系,此时巷道顶板最大位移为 507 mm,巷道帮部最大位移为 573 mm。钻孔中内置钢管保护了钻孔周围围岩不受破坏,同时保护了巷道支护结构,弱结构区域在高应力作用下被压实后,可通过钢管再次进行弱结构致裂,保护了支护结构不受二次破坏。

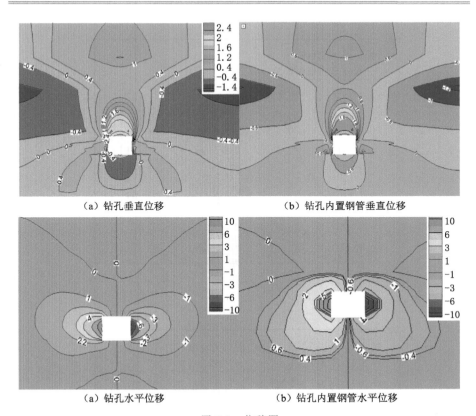

（a）钻孔垂直位移　　　　　　　　（b）钻孔内置钢管垂直位移

（a）钻孔水平位移　　　　　　　　（b）钻孔内置钢管水平位移

图 6-5　位移图

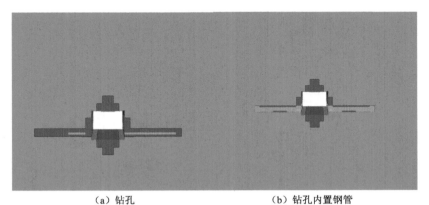

（a）钻孔　　　　　　　　　　　（b）钻孔内置钢管

图 6-6　塑性破坏区

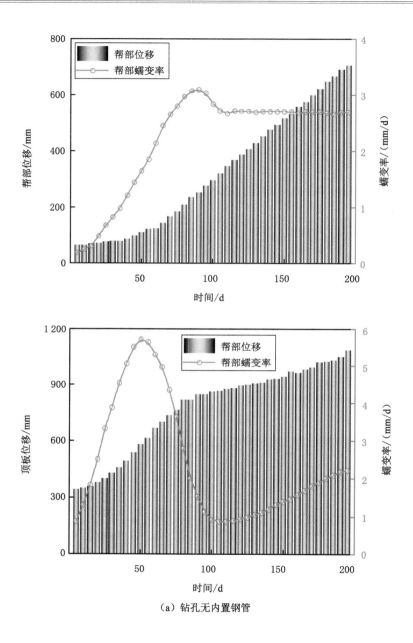

（a）钻孔无内置钢管

图 6-7　钻孔有无内置钢管作用下蠕变关系图

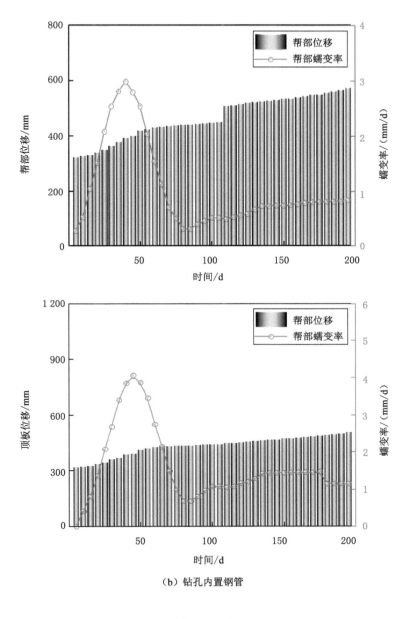

（b）钻孔内置钢管

图 6-7 （续）

6.3.2　反复钻孔致裂弱结构防冲技术

巷道围岩弱结构采用反复钻孔致裂技术,促使围岩裂隙快速发育,应力迅速降低,将围岩集中应力向围岩深处转移,同时在围岩破坏的过程中,使围岩高应力得到充分释放,最终使浅部围岩处在相对更加稳定的应力降低区内[289-290]。反复钻孔致裂弱结构技术具有工艺简单、工程量小等优点,不但能够转移巷道浅部集中应力,还可利用钻孔空间为卸压区域内围岩提供变形释能空间,实现围岩变形能的多向卸载。

图 6-8 为反复钻孔致裂弱结构示意图。钻孔周围应力重新平衡后,围岩应力降低较大,由近及远依次形成破碎区和塑性区,这两个区域统称为弱结构,且塑性区的边界线即为弱结构的边界线。多个相邻钻孔中弱结构相连在一起形成弱化带,使煤岩体中应力重新分布,能量释放的同时降低了煤岩体承载能力,降低了冲击发生的可能性,这是钻孔致裂弱结构吸能防冲机理所在。

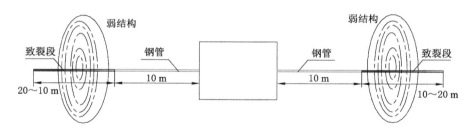

图 6-8　反复钻孔致裂弱结构

巷道围岩弱结构使存储在煤体中的弹性能得到释放,对冲击危险性较高的煤岩体,弱结构吸能防冲是一个缓慢的过程,首次卸压后,卸压不足使煤岩体仍具有较高的冲击危险性,此时需要进一步卸压,即采用多次卸压的方式直至消除冲击危险性。反复钻孔致裂弱结构操作简单,安全性高,致裂弱结构位置精准可靠。

图 6-9 为巷道围岩弱结构构建技术机理示意图。为了便于对巷道围岩弱结构吸能范围进行理论分析,假设钻孔周围的煤岩体为同一介质,弹性区不发生破坏和损伤,钻孔致裂的弱结构由塑性区到弹性区。根据钻孔破碎区的力学特征推导弱结构吸能范围及影响因素[291-292]。

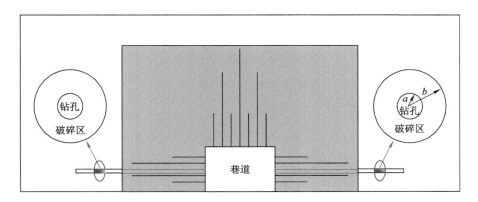

图 6-9　巷道围岩弱结构构建技术机理

摩尔-库仑准则：

$$\sigma_\theta = \frac{1+\sin \varphi_p}{1-\sin \varphi_p}\sigma_r + \frac{2C_p\cos \varphi_p}{1-\sin \varphi_p} \tag{6-1}$$

微分方程：

$$\frac{\mathrm{d}\sigma_r}{\mathrm{d}r} + \frac{\sigma_r - \sigma_\theta}{r} = 0 \tag{6-2}$$

由边界条件得：

$$(\sigma_r)_{r=a} = 0 \tag{6-3}$$

式中　σ_r——钻孔径向应力；

　　　σ_θ——钻孔切向应力；

　　　φ_p——内摩擦角；

　　　C_p——黏聚力；

　　　a——钻孔半径。

（1）破碎区

一次致裂径向应力及切向应力为：

$$\sigma'_{r1} = \sigma_0 \left(\frac{r}{a}\right)^{m-1} \tag{6-4}$$

$$\sigma'_{\theta1} = m\sigma'_r = m\sigma_0 \left(\frac{r}{a}\right)^{m-1} \tag{6-5}$$

式中，$m = \dfrac{1+\sin \varphi_p}{1-\sin \varphi_p}$。

二次致裂径向应力及切向应力为：

$$\sigma'_{r2} = \sigma_0 \left(\frac{r}{\mu_1 a} \right)^{m-1} \tag{6-6}$$

$$\sigma'_{\theta 2} = m\sigma'_r = m\sigma_0 \left(\frac{r}{\mu_1 a} \right)^{m-1} \tag{6-7}$$

式中，μ_1 为第二次致裂半径修正系数，$\mu_1 = 1.1 \sim 1.2$。

n 次致裂径向应力及切向应力为：

$$\sigma'_{rn} = \sigma_0 \left(\frac{r}{\mu_{n-1} a} \right)^{m-1} \tag{6-8}$$

$$\sigma'_{\theta n} = m\sigma'_r = m\sigma_0 \left(\frac{r}{\mu_{n-1} a} \right)^{m-1} \tag{6-9}$$

式中，μ_{n-1} 为第 n 次致裂半径修正系数，$\mu_{n-1} = 1.1 \sim 1.8$，$n \geqslant 2$。

在 $r = b$ 处：

$$\sigma_r^b = \sigma_0 \left(\frac{b}{\mu_{n-1} a} \right)^{m-1} \tag{6-10}$$

式中，b 为反复致裂形成吸能区半径，m。

（2）塑性区

塑性区的径向应力及切向应力为：

$$\frac{\sigma''_r}{\sigma_c} = \left[\frac{\sigma_r^b}{\sigma_c} + \frac{1 + \frac{\lambda}{E}}{m-1} - \frac{\frac{\lambda}{E}}{m+1} \frac{R_p^2}{b^2} \right] \left(\frac{r}{b} \right)^{m-1} - \frac{1 + \frac{\lambda}{E}}{m-1} + \frac{\frac{\lambda}{E}}{m+1} \frac{R_p^2}{r^2} \tag{6-11}$$

$$\frac{\sigma''_\theta}{\sigma_c} = \left[\frac{\sigma_r^b}{\sigma_c} + \frac{1 + \frac{\lambda}{E}}{m-1} - \frac{\frac{\lambda}{E}}{m+1} \frac{R_p^2}{b^2} \right] m \left(\frac{r}{b} \right)^{m-1} - \frac{1 + \frac{\lambda}{E}}{m-1} + \frac{\frac{\lambda}{E}}{m+1} \frac{R_p^2}{r^2} \tag{6-12}$$

式中　R_p——塑性区半径；

E——弹性模量；

λ——降模量；

σ_c——峰值强度。

在破碎区与塑性区交界处 $r = b$ 时，$\sigma''_{\theta(b)} = m\sigma''_{r(b)}$，得：

$$R_p = b\sqrt{1 + \frac{E}{\lambda}} \tag{6-13}$$

（3）弹性区

弹性区内的径向应力及切向应力为：

$$\sigma'''_r = \sigma_0 \left(1 - \frac{R_e^2}{r^2}\right) \tag{6-14}$$

$$\sigma'''_\theta = \sigma_0 \left(1 + \frac{R_e^2}{r^2}\right) \tag{6-15}$$

式中，R_e 为弹性区半径。

塑性区与弹性区 $R_e = R_p$ 时，得：

$$\left[\frac{\sigma_r^b}{\sigma_c} + \frac{1 + \frac{\lambda}{E}}{m-1} - \frac{\frac{\lambda}{E}}{m+1} \frac{R_p^2}{b^2}\right]\left(\frac{R_p}{b}\right)^{m-1} - \frac{1 + \frac{\lambda}{E}}{m-1} + \frac{\frac{\lambda}{E}}{m+1} = \frac{\frac{2\sigma_0}{\sigma_c} - 1}{m+1} \tag{6-16}$$

由式（6-14）、式（6-15）和式（6-16）可得：

$$b = \mu_{n-1}\left\{\frac{\sigma_c}{\sigma_0}\left[\left(\frac{(1-\sin\varphi_p)\left(\frac{2\sigma_0}{\sigma_c}-1\right)}{2} + \frac{(1-\sin\varphi_p)\left(1+\frac{\lambda}{E}\right)}{2\sin\varphi_p} - \frac{\frac{\lambda}{E}(1-\sin\varphi_p)}{2}\right]\cdot\right.\right.$$

$$\left.\left.\left(1+\frac{\lambda}{E}\right)^{-\frac{\sin\varphi_p}{1-\sin\varphi_p}} + \frac{(1-\sin\varphi_p)\left(1+\frac{\lambda}{E}\right)}{2} - \frac{(1-\sin\varphi_p)\left(1+\frac{\lambda}{E}\right)}{2\sin\varphi_p}\right]\right\}^{\frac{1-\sin\varphi_p}{2\sin\varphi_p}}\cdot a \tag{6-17}$$

多次反复致裂吸能区半径 b 与钻孔半径 a、初始应力 σ_0、内摩擦角 φ_p、弹性模量 E、降模量 λ、峰值强度 σ_c 和致裂半径修正系数 μ_{n-1} 有关。致裂半径修正系数 μ_{n-1} 是指破碎区半径在一次致裂后，由于地应力、岩体性质及致裂技术等原因造成的吸能区半径与理论值之间的偏差。巷道高应力下进行反复钻孔，使周围的煤岩体进行破裂形成巷道围岩弱结构，吸收高应力实现巷道稳定。

6.4　弱结构吸能防冲与巷道支护结构协同作用

巷道围岩弱结构吸能与支护结构协同作用主要表现在支护结构保证巷道围岩稳定，巷道围岩弱结构致裂形成吸能防冲区，结合义马常村煤矿 21170 运输巷地质情况，巷道围岩弱结构吸能与支护结构协同作用如图 6-10 所示。

① 锚杆、锚索、钢带等支护材料对冲击地压巷道帮部和顶板进行支护，利用顶板梯次支护防止巷道顶板下沉，同时利用防冲支架形成的支护结构。巷

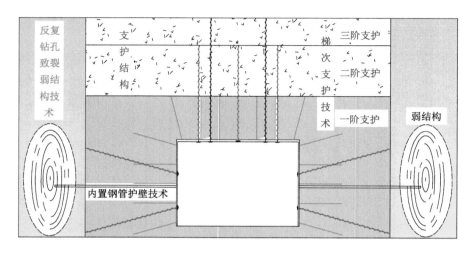

图 6-10　弱结构吸能防冲与巷道支护结构协同作用

道一阶支护、二阶支护和三阶支护及其他支护结构构成了巷道支护结构[293-295]。

　　② 巷道顶板致裂弱结构对顶板的维护影响较大,不利于巷道顶板支护,在巷道两帮致裂弱结构,巷道两帮通过反复钻孔致裂弱结构技术实现弱结构层[296]。设置弱结构可以转移静载高应力,吸收冲击能量,对巷道支护结构形成保护作用。

　　③ 内置钢管支撑护壁技术保护支护结构不被反复钻孔致裂弱结构技术弱化,保护支护结构可以反复多次致裂因高应力作用下压实的弱结构[297-298]。既防支护结构松动圈裂隙扩展,又防止巷道支护结构的整体失稳,同时致裂了弱结构,实现了弱结构吸能防冲与巷道支护结构协同作用。

6.5　本章小结

　　巷道围岩弱结构需要破裂松散弱化周围煤岩体性质,巷道支护结构要求煤岩体完整达到支护效果,通过反复钻孔致裂弱结构和内置钢管支撑护壁等技术实现了巷道围岩弱结构与支护结构协同控制,主要结论如下:

　　① 巷道围岩弱结构设置需要使煤岩体破裂松散,弱化周围煤岩体性质;而巷道支护结构要求煤岩体完整,达到支护效果,分析了巷道支护结构需要完整煤岩体与弱结构破碎围岩的互逆关系。

② 研究了内置钢管支撑护壁技术与反复钻孔致裂巷道围岩弱结构的构建技术机理,分析了反复钻孔致裂弱结构吸能破碎区的影响因素,模拟了内置钢管支撑护壁技术对巷道围岩强度和支护结构完整性的控制作用。

③ 提出了"支中有卸""弱中有强"的巷道围岩弱结构吸能防冲与支护结构协同作用,揭示了巷道围岩弱结构吸能防冲与支护结构抗冲协同机制。

第7章 工程应用

依据前文研究理论和成果以义马常村煤矿 21170 运输巷为试验巷道,针对巷道埋深大、构造应力集中、泥岩风化严重以及煤岩具有冲击倾向性等特点,通过围岩弱结构吸能防冲与巷道支护结构协同控制进一步验证了反复钻孔致裂弱结构和内置钢管支撑护壁技术效果,为类似高应力巷道卸压与支护提供理论基础。

7.1 21170 运输巷地质赋存概况

7.1.1 21170 运输巷地质情况

21170 工作面煤厚平均为 12.0 m,埋深 700 m,煤层倾角 10°左右,煤厚起伏较大,煤层直接顶和基本顶主要为泥岩,厚度大,易风化破碎,直接底为煤矸互叠层或碳质泥岩,遇水易膨胀,基本底为泥岩砂岩互层。受上覆岩层巨厚砾岩和 F_{16} 断层的影响,地应力、采动应力以及构造应力叠加造成了局部应力高度集中,煤体中聚集的弹性能在释放过程中会发生冲击破坏。21170 运输巷柱状图和工作面示意图如图 7-1 和图 7-2 所示。

7.1.2 冲击地压状况

据不完全统计,义马常村煤矿发生多次冲击地压事故,造成 30 余人伤亡,破坏巷道长度达到 1 000 m。常村煤矿典型冲击破坏位置见表 7-1。随着常村煤矿开采深度的增加及地质条件的变化,巷道发生冲击地压可能性越来越大。

	地层厚度 /m	柱状图	岩石名称	岩层厚度 /m	岩石描述
顶板	620.1		砾岩	430	主要成分为灰色、紫红色石英岩、石英砂岩，次为灰绿色、棕色火成岩，粒径大小不一，最大粒径17 cm。次棱角状为主，局部显棕红色和灰绿色，泥砂质基底胶结，夹有层状棕红色砂粉岩
	643.6		细砂岩	23.5	浅灰色细砂岩条带、波状交错层理，含较多瘤状黄铁矿结核，顺层分布，断面见白云母碎片
	683.6		泥岩	40	较多植物化石、部分炭化、粒度偏粗，以下较致密均一、中部见少量纛鳃类生物化石碎屑、倾角变化较大，夹较多菱铁质条带、水平层理，底部含片状黄铁矿
	688.4		细砂岩	4.8	断口规则状、岩屑细腻，层面具有少量的白云母片，局部夹含粉砂岩，夹含植物碎片反纛鳃类化石，还可见有菱铁质条带、泥质胶结
煤层	700.4		煤	12	灰分较高，煤质变化较大，变质程度低，局部具有纤维状结构，质较轻，夹碳质泥岩夹矸
底板	703.5		泥岩	3.1	黑色，质纯，少量滑石，含碳质成分较高
	733.5		细砂岩	30	砂质黏土岩，含有棱角状石英小砾石（3～10 mm）及菱铁质，含较多植物根部化石，比重稍大
	738.6		砾岩	5.1	砾块成分主要为石英岩、石英砂岩，砾块大小不一，胶结物为灰色的砂质成分，基底胶结，磨圆度好

0　　10　　20　　30　　40　　50

图7-1　21170运输巷柱状图

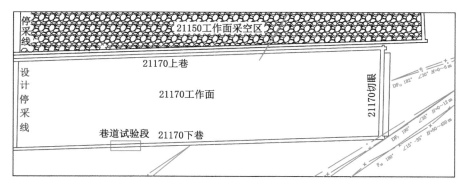

图 7-2　21170 工作面示意图

表 7-1　常村煤矿典型冲击破坏

地点	震源能量/J	巷道围岩破坏描述
常村矿 21 煤轨绕巷	10^5	巷道内部分喷浆层(煤体)震动脱落,煤尘飞扬,锚杆(索)杆体和构件变形破坏
常村矿 21132 下巷 463 棚至 990 棚段	10^6	263 m 巷道不同程度破坏,局部收缩断面收缩严重,顶板局部冒顶,下帮变形量 700 mm,底鼓 700 mm
常村矿 21220 上巷口 以外 34 m	10^4	顶板一根锚杆顶煤脱落呈弧形,锚杆悬露,深度约 0.5 m,直径约 1 m

　　图 7-3 所示为 21170 工作面能量与频次变化关系。21170 工作面受上覆岩层和断层影响,微震监测能量较大,最大能量和平均能量与频次较多。2019 年 9 月 21 日微震平均能量为 $4.2×10^5$ J,2019 年 9—11 月微震能量明显增大,微震频次增加。

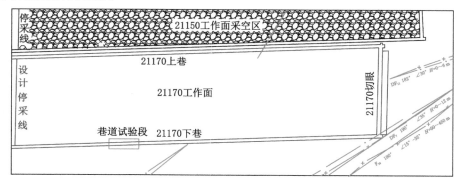

图 7-3　21170 工作面微震能量与频次关系

7.1.3 破坏特征

21170 运输巷布置在煤层内，留底煤 0.5 m，巷道原断面呈拱形。原支护采用锚网索、U 型钢、液压抬棚三级支护方式。三级支护系统的示意图和现场图如图 7-4 所示。

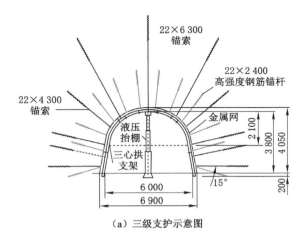

（a）三级支护示意图

（b）三级支护现场图

图 7-4 21170 运输巷原支护断面图

原支护设计如图 7-4(a)所示，宽×高＝6 900 mm×4 050 mm，一级支护：巷道顶板、两帮采用锚杆、锚索、金属网等主动支护；二级支护：锚网后架棚，棚距 1 200 mm,支架后顶预留 300 mm 空间,主动承压,两帮让压 300 mm;三级支护:支架后顺巷道中心打一道连续液压抬棚加强支护。因防冲工作需要在巷道围岩帮部施工大直径卸压深孔,卸压钻孔参数:直径 110 mm,深度 25 m,间距 2.0 m。根据矿方资料及巷道表面位移原始记录,卸压孔施工后,巷道表面位移变化增大,造成了巷道严重变形破坏,整个断面几乎闭合,卸压孔极大破坏了巷道帮部煤体的完整性,21170 运输巷破坏如图 7-5 所示。

(a)巷道顶板开裂　　　　　　　　　(b)两帮围岩严重变形

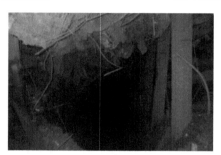

(c)两帮变形量大

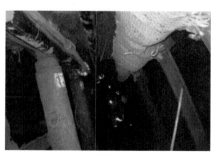

(d)液压抬棚U型钢倾倒

图 7-5　巷道破坏现场图

围岩结构观察采用 ZKXG100 矿用钻孔成像轨迹检测装置,用来记录拍摄主机观察到的节理裂隙及离层情况,如图 7-6 所示。

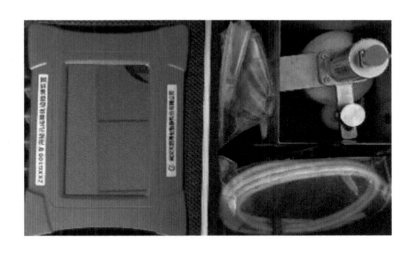

图 7-6　ZKXG100 矿用钻孔成像轨迹检测装置

图 7-7 所示为 21170 运输巷原支护条件下钻孔窥视围岩裂隙情况。顶板 1#、顶板 2# 和顶板 3# 分别设置在巷道顶板位置,帮部 1#、帮部 2# 和帮部 3# 设置在巷道相对应的帮部,顶板 1#、顶板 2# 和帮部 1#、帮部 2# 为钻孔卸压前窥视图像,顶板 3# 和帮部 3# 是钻孔卸压后窥视图像。钻孔卸压前顶板最大裂隙深度达 5.03 m,3.2 m 裂隙范围内分布广泛,1.56～3.42 m 处顶板破坏严重,巷道帮部最大裂隙深度为 4.56 m,1.52 m 范围内裂缝严重。因此,整个锚杆支护系统处于不稳定状态,在强动载作用下,岩层进一步分离,巷道围岩结构瞬间破坏,围岩迅速挤入自由空间。卸压后顶板最大裂缝深度达到 6.56 m,帮部最大裂缝深度达到 6.75 m,裂缝在 4.53 m 分布广泛,卸压孔对巷道支护造成了极大的破坏。巷道围岩变形及裂隙分布特征表明卸压钻孔施工后,顶板裂隙广泛分布在锚杆和锚索支护范围内,在动荷载叠加作用下顶板岩层分离,巷道顶板失稳。顶板的变形和失稳增加了巷道两侧的压力,导致巷道内裂隙发育,进而造成巷道两侧的破坏。

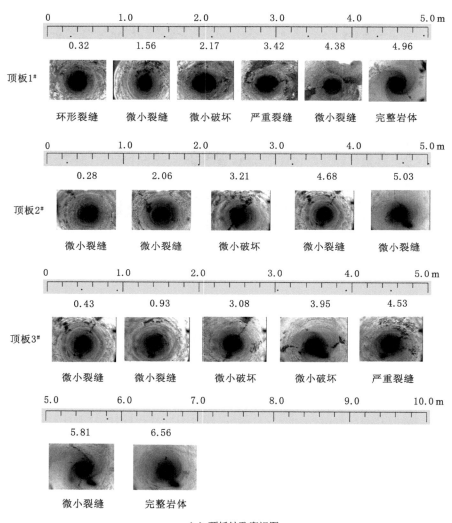

（a）顶板钻孔窥视图

图 7-7　原支护巷道钻孔窥视图

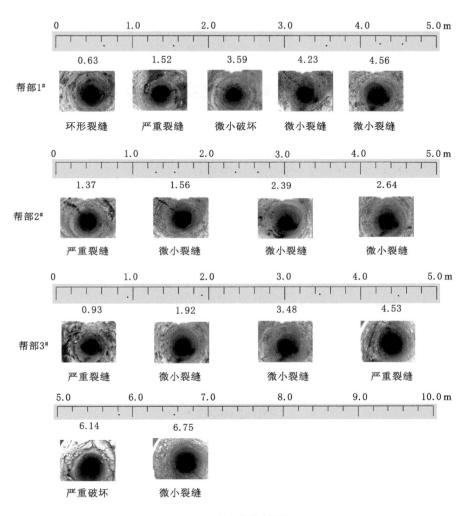

（b）帮部钻孔窥视图

图 7-7 （续）

7.2　21170 运输巷支护方案及参数

基于 21170 运输巷围岩变形情况、煤层赋存特征及现场调研,结合 21170 运输巷工程实践进行参数设计。考虑到巷道最终使用断面,为减少大尺寸断面对巷道稳定性造成的不利影响,结合巷道预留变形量等多方面因素,采用巷道围岩弱结构吸能与支护结构协同控制技术,支护参数如图 7-8 所示(下页)。

弱结构吸能与支护结构协同控制支护参数见表 7-2。顶板和帮部采用 $\phi 22 \times L2\,500$ mm 左旋螺纹钢高强锚杆和 M_4 钢带进行支护,顶板和帮部锚杆、锚索构成了梯次支护,更有利于围岩控制。巷道液压抬棚对顶板和底板进行有效的维护,液压走向抬棚是支护结构重要的一部分。顶板走向抬棚对保护顶板支护、减少巷道顶板压力突变具有重要作用,特别是在大跨度巷道中,液压抬棚支架不仅安装在靠近顶部支架的位置,而且可以施加较大的预应力。

表 7-2　巷道支护参数

类型	位置	支护材料	间排距/mm	支护参数/mm	数量/排	预紧力	说明
支护结构	顶板	锚杆	900×800	$\phi 22 \times L2\,500$	7	250	左旋螺纹高强
		锚索	$1\,500 \times 1\,600$	$\phi 18.9 \times L5\,300$	3	150	让压锚索
			$2\,500 \times 1\,600$	$\phi 18.9 \times L8\,000$	3	150	让压锚索
	帮部	锚杆	850×800	$\phi 22 \times L2\,500$	5	250	左旋螺纹高强
		锚索	$1\,600 \times 1\,600$	$\phi 18.9 \times L5\,300$	2	150	让压锚索
	顶底	抬棚	紧跟施工点顺巷道中心打一道走向液压抬棚				

7.3　巷道围岩弱结构参数及现场实施

7.3.1　巷道围岩弱结构参数

根据"第 5 章巷道围岩防冲弱结构关键尺度参数确定"结果,巷道围岩弱结构尺寸为 10～15 m 范围,破裂度为煤体强度 30%～40% 时,此时应力下降率为 30%,吸能效果较好。结合义马常村煤矿 21170 运输巷地质情况及巷道掘进过程中的矿压显现,巷道掘进 40 d 左右微震平均能量和频次较大,巷道

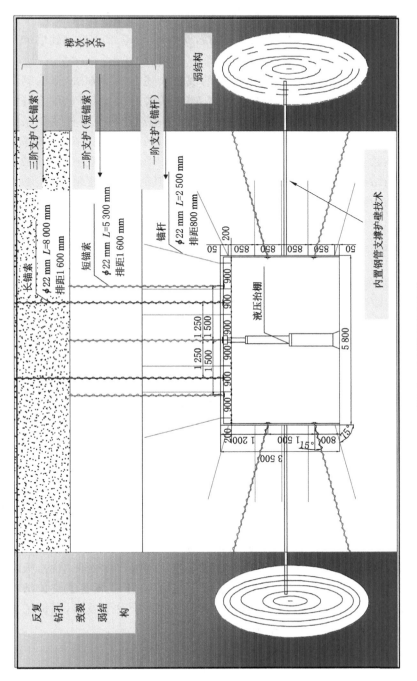

图7-8　协同控制支护参数

围岩弱结构实施在巷道掘进 30 d 后进行。巷道围岩弱结构尺寸为 10～15 m 范围效果较好,考虑到为初次施工巷道围岩弱结构,结合 21170 运输巷卸压钻孔参数,选择巷道围岩弱结构尺寸为 10 m。

巷道围岩弱结构破裂度还没有较好的现场描述和测量方法,根据第 2 章强度弱化系数内容可知,冲击压力由 0.25 MPa 增加到 0.45 MPa,综合分析第 2 次冲击弱化系数、第 3 次冲击弱化系数,无围压动载作用下煤样弱化系数分别为 5.8%～48.1%、24.1%～33.4%,平均值为 24% 和 35%,围压动载作用下煤样弱化系数分别为 9.9%～47.2%、20.9%～49.2%,平均值为 25% 和 35%,巷道围岩弱结构破裂度为煤体强度的 30%～40% 时,吸能效果较好,本次巷道围岩弱结构致裂煤体处于三向原岩应力状态下,弱结构破裂度为煤体强度 30%。

7.3.2　巷道围岩弱结构现场实施

结合 21170 运输巷实际情况,巷道围岩弱结构实施如下:在巷道两帮各打 20 m 钻孔,钻孔直径为 110 mm,钻孔距顶板 1.9 m,钻孔孔口之间的间隔为 1.6 m,在钻孔开口 10 m 段放入直径正好满孔的钢管,其余 10～20 m 自由留设,10 m 钢管可由短钢管公母螺丝对接连接而成。钢管外端 10 m 以外,利用钻孔过程松动效应形成煤岩松散弱结构,从钢管内向钻孔继续施工,钻孔内钻杆对巷道煤岩体进行致裂,致裂后煤岩体裂隙相互贯通,形成巷道两帮弱结构。巷道围岩弱结构现场实施后的破裂度无法进行直接测量,第 2 次和第 3 次围压动载作用下煤样弱化系数分别为 9.9%～47.2%、20.9%～49.2%,平均值为 25% 和 35%,巷道围岩弱结构施工后,第 2 天通过钢管对煤岩体进行再次致裂以保证巷道围岩弱结构的破裂度。图 7-9 所示为利用反复钻孔致裂弱结构技术实施过程示意图。

图 7-10 所示为弱结构致裂现场实施图,围岩弱结构采用反复钻孔致裂技术实现,利用钻孔窥视对弱结构进行观测。图 7-11 所示为弱结构裂隙效果,在 10～20 m 范围内煤岩破碎,巷道围岩弱结构致裂效果较好。

采用反复钻孔致裂弱结构技术对巷道两侧致裂形成围岩弱结构,吸收转移动静载能量,在高应力作用下,巷道两侧压实后,在不破坏巷道支护结构的前提下,通过反复循环再次致裂弱结构,使巷道内煤岩发生破裂,保护了支护结构,同时致裂了巷道围岩弱结构。

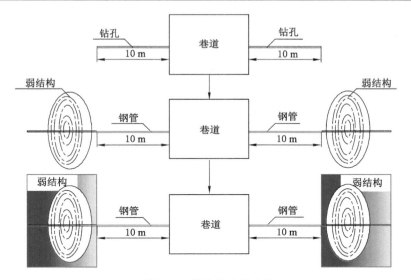

图 7-9　弱结构致裂过程

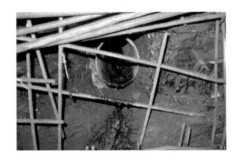

图 7-10　弱结构现场实施图

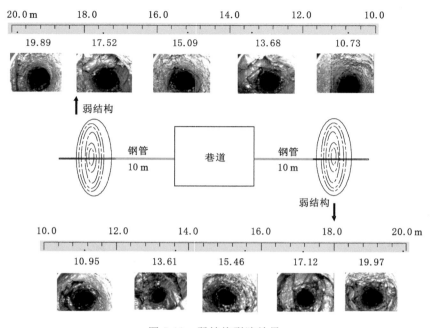

图 7-11　弱结构裂隙效果

7.4　21170 运输巷整体维护效果

7.4.1　矿压观测布置及监测

为了验证巷道围岩弱结构吸能与支护结构协同控制效果,利用锚杆(锚索)测力计、顶板离层仪、十字断面法对巷道进行矿压监测,观测内容主要有顶帮锚杆(索)受力、顶板煤岩层离层情况、巷道顶帮围岩向内部空间收缩量、微震监测和围岩松动圈观测。图 7-12 所示为测站观测内容和仪器安设,主要监测内容为锚杆(索)受力、顶板离层量和巷道表面位移。

(1) 锚杆(索)受力监测

在 21170 运输巷施工后 10 m 开始布置测站并安装锚杆(索)测力计,巷道施工期间锚杆(索)受力情况以巷道断面施工天数为分组依据进行数据记录分析,回采期间锚杆(索)受力情况以工作面距离测站的距离为分组依据进行数据记录分析。表 7-3 和图 7-13 所示为巷道掘进期间锚杆(索)受力,表 7-4 和图 7-14 所示为回采期间锚杆(索)受力。

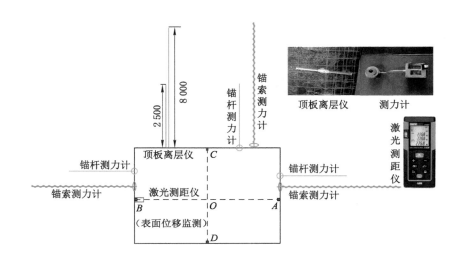

图 7-12 测站观测内容

表 7-3 巷道施工期间锚杆(索)受力情况

时间/d	回采帮/MPa	非回采帮/MPa	顶板锚杆/MPa	顶板锚索/MPa
1	2.01	2.57	2.79	2.16
2	2.31	3.33	2.99	2.27
3	2.45	3.81	3.1	2.34
4	2.71	3.81	3.19	2.41
5	3.47	3.98	3.21	2.56
6	3.5	4	3.66	3.02
7	3.55	4	4.39	3.17
8	3.64	3.98	4.6	3.46
9	3.71	4.4	5.82	3.48
10	3.84	4.4	6.28	3.5
15	4.31	4.66	6.91	3.54
20	4.9	4.81	6.93	3.6
25	5.08	4.77	7.05	3.61
30	5.29	4.8	7.05	3.64

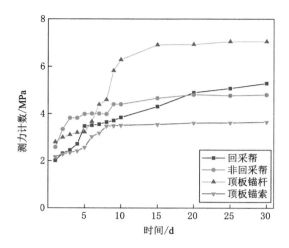

图 7-13　巷道施工锚杆(索)受力情况

表 7-4　回采期间锚杆(索)受力情况

距工作面距离/m	回采帮/MPa	非回采帮/MPa	顶板锚杆/MPa	顶板锚索/MPa
27	10.87	10.21	14.23	0.00
32	9.82	8.84	13.16	15.95
37	7.59	7.94	13.21	13.89
43	7.09	5.69	12.03	13.02
50	6.48	4.52	12.05	11.96

随着巷道掘进工作的进行,巷道锚杆受力逐渐增大,从 2.79 MPa 增加至 7.05 MPa,增量达到一倍多;测力计显示顶板锚索工作阻力保持不变,稳定在 3.0 MPa。巷道的掘进对浅部围岩影响较大,使锚杆轴力增大,而深部煤岩层和基本顶受到的影响较小,因此锚索受力变化不大。随着工作面的靠近,测站显示锚索和锚杆工作阻力均增大,当工作面距测站 32 m 以内时,锚索承受不住采动应力发生破断,但顶板锚杆支护没受到较大影响。

(2)顶板离层监测

图 7-15 所示为 21170 运输巷协同控制试验段顶板下沉量变化,在试验段共安装了 2 组顶板离层仪。结果表明,1#测点和 2#测点深基点位移大于浅基点位移,1#测点深基点最大值为 43 mm,浅基点最大值为 29 mm;2#测点深基点最大值为 34 mm,浅基点最大值为 29 mm。从弱结构致裂前后顶板下

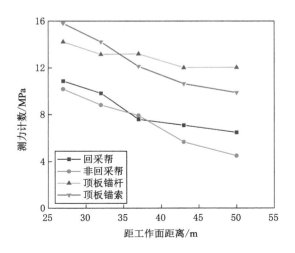

图 7-14　回采期间锚杆(索)受力情况

沉速率对比可以看出,弱结构致裂后的 1# 测点和 2# 测点顶板下沉速率没有增加。巷道帮部弱结构的致裂没有对巷道顶板造成破坏,同时验证了仅在帮部致裂弱结构的有效性和正确性。随着时间的增加,巷道顶板保持稳定,顶板得到了有效控制,巷道围岩弱结构致裂对巷道顶板影响较小,巷道顶板没有因巷道围岩弱结构致裂而发生较大的离层而造成巷道失稳现象。

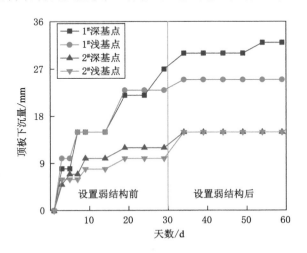

图 7-15　21170 运输巷顶板下沉量

（3）巷道两帮位移观测

21170 运输巷两帮位移变化量如图 7-16 所示。随着时间的增加，巷道表面位移量不断增加，两帮位移量在 60 d 左右趋于稳定。弱结构致裂前后对比可以看出，弱结构致裂对巷道支护结构的影响较小，弱结构致裂后巷道在一定时间内并没有发生失稳现象。

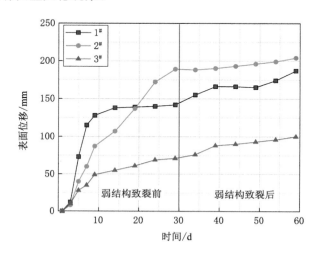

图 7-16　21170 运输巷帮部表面位移

图 7-16 所示为 21170 运输巷两帮位移变化量，发现巷道的两帮位移先急剧增大，后略有增大，并趋于稳定。弱结构致裂前，巷道两帮位移变化量为 189 mm，弱结构致裂后，巷道两帮位移为 204 mm。弱结构致裂前后的变形对比表明，弱结构实施后不会造成巷道失稳。

7.4.2　围岩裂隙分析

为了观测协同控制下裂隙分布情况，在 21170 运输巷弱结构致裂前后分别设置了顶板和帮部钻孔窥视监测点。顶板 1#、顶板 2#、帮部 1#、帮部 2# 为弱结构致裂前钻孔窥视图像，顶板 3# 和帮部 3# 为弱结构致裂后钻孔窥视图像。顶板和帮部裂缝分布如图 7-17 所示。

顶板 1# 和顶板 2# 由泥岩和砂岩组成，在锚杆支护范围内存在微小的裂隙，在锚杆支护范围外未发现裂隙。弱结构致裂前顶板裂隙最大深度为 2.59 m，而原支护条件下顶板裂隙最大深度为 5.03 m。较原支护体系下顶板最大破坏深度减小 51%。帮部 1# 和帮部 2# 裂缝最大深度为 2.96 m，较原支护条

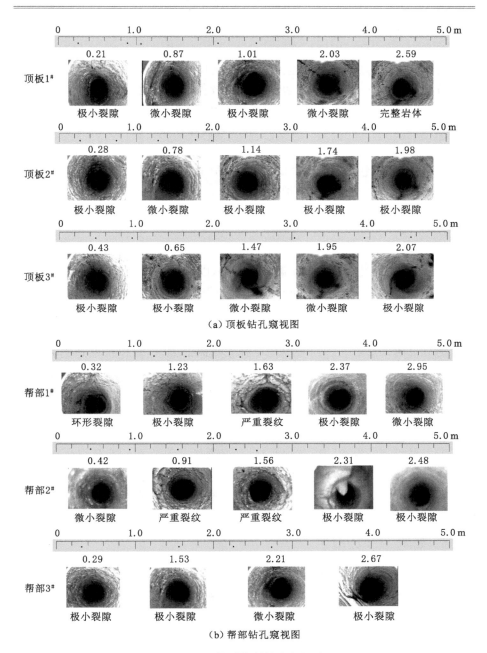

（a）顶板钻孔窥视图

（b）帮部钻孔窥视图

图 7-17 协同控制钻孔窥视图

件下减小 4.56 m,帮部最大破坏深度减小 69%。顶板 3# 为弱结构致裂后顶板围岩裂隙深度,采用钢管支撑护壁技术对支护结构进行保护,围岩裂隙仅在锚杆支护范围内形成,最大深度为 2.07 m,0.43～0.65 m 范围内裂隙严重,且全部分布在锚杆支护范围内。协同控制有效控制了巷道顶板裂隙,明显降低了顶板裂隙深度,提高了安全性。帮部 3# 为弱结构致裂后帮部裂隙深度,裂隙最大深度为 2.48 m,在 0～0.29 m 范围内仅存在微小裂隙。与原支护体系相比,实现了对帮部变形的有效控制。在协同控制下顶板对巷道帮部的压力明显减小,抑制了巷道帮部裂隙的演化,维护了巷道围岩完整性,与原有支护体系相比极大地改善了巷道支护效果。

7.4.3 微震监测

对 21170 运输巷试验段巷道围岩弱结构致裂前后微震事件震源分布进行分析,巷道在推进过程中微震震源分布平稳,以 10^4 J 事件为主,主要集中在工作面采空区及超前 100 m 范围内,如图 7-18 所示。随着工作面不断向前推进,试验段巷道在采动影响下微震事件明显增多,此时对巷道进行弱结构致裂,弱结构致裂后巷道能量得到了释放,转移了采动影响作用下的高应力,避免了能量再次聚集对巷道的影响。随着工作面的推进,试验段巷道的微震事件未明显增加,说明弱结构有效转移、吸收了高应力,保护了巷道不受采动影响等高应力破坏。

图 7-19 显示了弱结构致裂前后巷道微震能量监测,弱结构致裂后,巷道微震监测到的能量明显减小,煤体内的应力得到了明显转移或吸收,有效减少了高应力对巷道的破坏。弱结构实施后,巷道微震监测到的能量减小 40%～50%,煤体内的高应力显著降低。巷道围岩弱结构可以传递或吸收高应力和高能量,使冲击波通过弱结构后衰减,因此,巷道围岩弱结构起到了滤波、吸收能量的作用,防止了巷道围岩支护结构的破坏。

7.4.4 巷道控制效果

21170 运输巷支护效果如图 7-20 所示。巷道围岩弱结构吸能与支护结构协同控制技术明显改善了巷道支护效果,根据矿压观测及现场实际效果分析,巷道支护参数合理,巷道围岩弱结构可以有效吸收转移高应力,控制了巷道顶板离层和围岩变形。

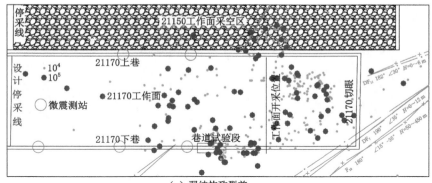

（a）弱结构致裂前

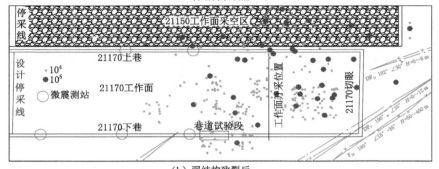

（b）弱结构致裂后

图 7-18　弱结构致裂前后微震事件分布

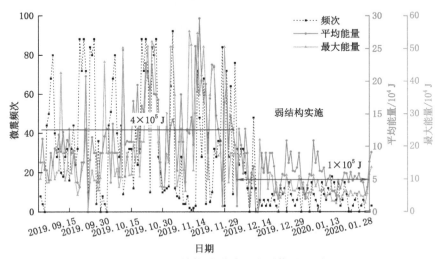

图 7-19　弱结构致裂前后微震能量监测

（a）巷道整体支护效果

（b）巷道顶板支护效果

（c）巷道帮部支护效果

图 7-20　21170 运输巷工程效果图

7.5　本章小结

在义马常村煤矿典型冲击地压巷道进行巷道围岩弱结构吸能与支护结构协同控制现场应用，结合巷道围岩弱结构吸能防冲机理及关键尺度参数，围岩弱结构吸能与支护结构协同控制取得了良好效果，主要结论如下：

① 利用反复钻孔致裂弱结构技术和内置钢管支撑护壁技术在巷道帮部致裂弱结构，选择巷道围岩弱结构尺寸为 10 m，破裂度为煤体强度 30%。巷

道围岩弱结构实施后巷道微震监测到的能量减小 40%～50%，煤体内的高应力显著降低，弱结构起到了滤波、吸收能量的作用，防止巷道围岩支护结构的破坏。

② 采用巷道围岩弱结构吸能与支护结构协同控制极大地改善了冲击地压巷道支护效果，巷道两帮位移最大为 204 mm，顶板最大为 43 mm，巷道未发生明显的失稳现象，与原支护相比，顶板最大破坏深度减小 51%，帮部最大破坏深度减小 69%。

③ 结合弱结构吸能防冲机理及关键尺度参数，针对 21170 运输巷围岩弱结构吸能与支护结构协同控制，明显改善了巷道支护和卸压情况，支护参数选择合理，有效控制了巷道围岩变形，效果显著。

第8章 结论与展望

8.1 主要结论

本书以义马常村煤矿 21170 运输巷为工程背景,针对采动应力强、煤层具有冲击倾向性、顶板扰动大、反复多次卸压、巷道围岩破坏严重等特点,围绕冲击地压巷道围岩弱结构吸能防冲及支护结构协同控制问题,采用实验室试验、理论分析、物理模拟、数值模拟和现场试验等方法,对巷道围岩弱结构吸能防冲机理及关键尺度参数进行研究,提出了巷道围岩弱结构吸能防冲与支护结构协同控制技术,研究成果现场应用效果良好,主要结论如下:

(1)研究了动载作用下冲击倾向性煤岩样力学性质和能量耗散特征

通过 SHPB 动载循环试验得到煤岩样动态力学性质与冲击次数的对应关系,随着冲击次数的增加,煤岩样最大应变增加,峰值应力及弹性模量减小,弱化程度增大;分析动载作用下煤岩样峰值应力弱化系数分别为 28.5%～73.2% 和 12%～55.8%,建立峰值应力弱化系数与冲击压力线性关系:$\xi = 200\alpha - 28$,为冲击地压巷道围岩控制提供理论基础。

基于能量吸收和守恒理论,分析了动载作用下煤岩样能量耗散规律及损伤特征,随着冲击次数的增加,反射能增加,透射能减小,煤岩样内部裂纹发育,单位体积吸能和吸能率增加,煤岩样单位体积吸能分别为 0.46～0.81 J/cm³ 和 0.37～0.72 J/cm³,吸能率分别为 16.2%～33.8% 和 13.1%～27.1%。煤岩样无围压动载作用下不存在界面摩擦呈"1"型破坏模式,围压动载作用下呈"Y"型端部破坏模式。

(2)揭示了动载作用下巷道围岩破坏机理和弱结构吸能防冲特性

试验确定了相似材料的合理配比,对比分析有无弱结构两种情况下巷道位移、应力变化规律,无弱结构作用下随着冲击能量增加,巷道表面位移、应力和声发射特征值增加;巷道先在顶板出现微小裂纹,随后巷道底板破坏程度增加,最后巷道顶板出现较大裂隙及离层,巷道完全破坏,距离震源越近,巷道破坏越严重。

研究了不同冲击能量下设置围岩弱结构巷道表面位移、应力分布规律和声发射特征,与无弱结构相比巷道顶板和帮部位移量分别减小 60.9% 和 66%,顶板、底板和帮部应力分别减小 29.3%、21.7% 和 34.7%,声发射幅值和振铃数明显降低,巷道围岩弱结构有效吸收冲击能量,保护巷道不受冲击破坏;巷道围岩弱结构吸能组成为块体松散吸能、煤岩体旋转吸能、空间散射吸能和破碎围岩反射吸能。

(3) 分析了巷道围岩弱结构吸能防冲机理及应力波传播衰减影响因素

基于一维弹性波理论、应力波传播运动方程和能量守恒方程,构建了巷道围岩弱结构吸能防冲力学模型,推导了巷道围岩弱结构吸能防冲力学解析,巷道围岩弱结构速度变化关系为:

$$\frac{\mathrm{d}v_n}{\mathrm{d}t} = \frac{\sigma_{sn} + \rho A_0 (v_{n-1} - v_n) v_n - P_n}{\rho A_0 [s_n - (x_n + u_n - u_{n+1})]}$$

分析了巷道围岩弱结构区域应力波产生反射、透射和散射速度减小的规律,得到巷道围岩弱结构吸能主要与初始速度、应力大小、弱结构颗粒大小有关。揭示了巷道围岩弱结构颗粒大小和尺寸是影响弱结构吸能的主要影响因素,利用 PFC 颗粒流软件对弱结构颗粒大小进行分析,颗粒大小由 0.96 mm 变为 0.64 mm 时速度减小 75%,颗粒大小由 0.64 mm 变为 0.32 mm 时速度减小 87.5%,颗粒越小,速度越小,能量吸收越大。

(4) 建立了巷道围岩弱结构吸能防冲效应与关键尺度参数的对应关系

采用 FLAC 3D 数值模拟软件,对不同冲击位置(顶板冲击、帮部冲击和顶帮冲击)不同冲击能量(10^4 J、10^5 J、10^6 J 和 10^7 J)巷道破坏情况分析,冲击位置相同,冲击能量越大,巷道破坏越严重;冲击能量相同,顶板破坏程度为顶板冲击>顶帮冲击>帮部冲击,帮部破坏程度为帮部冲击>顶板冲击>顶帮冲击。设置巷道围岩弱结构顶板垂直应力下降率为 9.3%~23.5%,帮部水平应力下降率为 7.6%~21.4%,应力下降率越大,弱结构吸能效果越好。

提出了巷道围岩弱结构关键参数为尺寸和破裂度,拟合了弱结构吸能防冲与关键尺度参数的对应关系,对相同破裂度弱结构尺寸分别为 5 m、8 m、10 m 和 15 m 进行拟合,得到了弱结构吸能效应与其尺寸呈对数函数关系:$\kappa =$

$41.9 \times \log(0.38 \times x)$；研究了相同尺寸弱结构破裂度分别为煤体强度的 50%、40%、30% 和 20% 时，得到了与其破裂度呈幂函数关系：$\kappa = 11.5 \times \varphi^{-0.94}$。弱结构尺寸越大，破裂度越小，应力下降率越大。计算了不同尺寸、不同破裂度巷道围岩弱结构应力下降率，弱结构尺寸为 $10 \sim 15$ m，破裂度为煤体强度 $30\% \sim 40\%$ 时，应力下降率为 30%，吸能效果较好。

（5）揭示了围岩弱结构吸能防冲与巷道支护结构协同作用机制

分析了巷道支护结构需要完整煤岩体与弱结构破碎围岩的互逆关系，研究了内置钢管支撑护壁技术与反复钻孔致裂巷道围岩弱结构构建技术机理，分析了反复钻孔致裂弱结构吸能破碎区的影响因素，模拟了内置钢管支撑护壁技术对巷道围岩强度和支护结构完整性的控制作用，提出了"支中有卸""弱中有强"的巷道围岩弱结构吸能防冲与支护结构协同作用，揭示了巷道围岩弱结构吸能防冲与支护结构抗冲协同机制。

（6）工程应用初步验证了研究成果

基于巷道围岩弱结构吸能防冲机理及关键尺度参数研究，在义马常村煤矿 21170 运输巷进行现场应用，巷道围岩弱结构尺寸设计为 10 m，破裂度为煤体强度的 30%，采用内置钢管支撑护壁与反复钻孔致裂弱结构技术。现场应用表明：巷道两帮和顶板最大位移变化量分别为 204 mm 和 45 mm，与原支护相比，松动圈范围顶板和帮部分别减小 51% 和 67%，巷道围岩弱结构实施后巷道未发生明显变形破坏，微震监测总能量减小 $40\% \sim 50\%$，煤体内高应力显著降低，说明巷道围岩弱结构和巷道支护参数选择合理，有效控制巷道围岩变形，控制效果显著，为类似地质条件高应力巷道稳定性控制提供了理论基础。

8.2 创新点

（1）揭示了动载循环作用下冲击倾向性煤岩样力学性质及能量耗散特征

建立了煤岩样峰值应力弱化系数与冲击压力的线性模型，分析了动载作用下煤岩样单位体积吸能与冲击次数递增式能量耗散规律，阐明了煤岩样动态力学性质与冲击次数的对应关系，揭示了煤岩样无围压"1"型破坏和围压"Y"型破坏模式。

（2）建立了巷道围岩弱结构吸能效应与关键尺度参数之间的对应关系

分析了巷道围岩弱结构区域应力波衰减规律，揭示了巷道围岩弱结构吸能防冲机理，提出了巷道围岩弱结构尺寸和破裂度的表征方法，建立了巷道围岩弱结构吸能效应与其自身尺寸呈对数函数关系、与其破裂度呈幂函数关系，确定了巷道围岩弱结构尺寸和破裂度的合理范围。

（3）阐明了巷道围岩弱结构吸能防冲与支护结构协同作用机制

分析了巷道支护承载结构完整与弱结构破裂消波吸能两者之间的互逆关系，提出了内置钢管支撑护壁与反复钻孔致裂弱结构技术，研究了巷道围岩弱结构反复钻孔致裂构建技术机理，阐述了巷道围岩弱结构吸能防冲与支护结构抗冲两者协同作用机制。

8.3　展望

本书围绕冲击地压巷道围岩弱结构吸能防冲及支护结构协同控制问题，研究了动载作用下煤岩样力学性质和能量耗散特征、巷道围岩弱结构吸能防冲机理、巷道围岩弱结构吸能防冲与支护结构协同作用机制，受限于现有研究条件、实验室仪器设备及理论知识，课题需要进一步研究，主要表现在以下几个方面：

（1）三向加载条件下巷道围岩弱结构吸能特性

本书物理相似模拟试验采用平面应力模型，模型侧向和轴向未施加荷载，与工程实际中巷道开采和围岩弱结构吸能的应力条件有一定差别。研究开发具有三向围压加载的相似物理模型架，以更准确地反映冲击地压巷道围岩弱结构吸能特性。

（2）冲击动载位置对巷道围岩破坏过程和影响机理

本书采用帮部冲击加载冲击地压，实际工程中，冲击动载可能位于顶帮、底板，冲击动载位置不同对巷道破坏过程、破坏模式和围岩失稳机理都存在一定差异，本试验采用帮部冲击加载，顶板冲击、底板冲击过程未进行研究，今后物理相似模拟应采用多方向冲击研究围岩破坏过程和影响机理。

（3）巷道围岩弱结构致裂技术和关键表征参数

巷道围岩弱结构致裂技术及效果受设备和方法影响，本书采用反复钻孔致裂弱结构技术，水压致裂、爆破致裂等致裂技术及效果需要进一步研究和验证，巷道围岩弱结构致裂技术和设备智能化需要进行研究和探索。对弱结构尺寸和破裂度进行了研究，现场施工过程中巷道围岩弱结构的尺寸范围容易控制，巷道围岩弱结构破裂度还没有较好的描述和计算测量方法，今后对巷道围岩弱结构现场实施后的破裂度描述进行深入研究。

（4）巷道围岩弱结构吸能防冲效果现场验证

冲击地压巷道地质条件复杂,巷道围岩弱结构现场验证难度较大,本书在义马常村煤矿21170运输巷进行了工程应用,在后续的研究过程中应对巷道围岩弱结构进行不同地质条件现场应用,采用微震监测、地音监测和电磁辐射等综合监测技术,验证巷道围岩弱结构吸能效果,进一步丰富冲击地压巷道围岩弱结构吸能防冲理论研究成果。

参 考 文 献

[1] 窦林名,田鑫元,曹安业,等.我国煤矿冲击地压防治现状与难题[J].煤炭学报,2022,47(1):152-171.

[2] 齐庆新,李一哲,赵善坤,等.我国煤矿冲击地压发展 70 年:理论与技术体系的建立与思考[J].煤炭科学技术,2019,47(9):1-40.

[3] 康红普,王国法,王双明,等.煤炭行业高质量发展研究[J].中国工程科学,2021,23(5):130-138.

[4] 康红普,范明建,高富强,等.超千米深井巷道围岩变形特征与支护技术[J].岩石力学与工程学报,2015,34(11):2227-2241.

[5] 康红普,王国法,姜鹏飞,等.煤矿千米深井围岩控制及智能开采技术构想[J].煤炭学报,2018,43(7):1789-1800.

[6] 姜耀东,潘一山,姜福兴,等.我国煤炭开采中的冲击地压机理和防治[J].煤炭学报,2014,39(2):205-213.

[7] 齐庆新,潘一山,舒龙勇,等.煤矿深部开采煤岩动力灾害多尺度分源防控理论与技术架构[J].煤炭学报,2018,43(7):1801-1810.

[8] 齐庆新,李一哲,赵善坤,等.矿井群冲击地压发生机理与控制技术探讨[J].煤炭学报,2019,44(1):141-150.

[9] 高明仕,赵一超,高晓君,等.近直立特厚煤层组中间岩板诱发冲击矿压机理及其防治[J].采矿与安全工程学报,2019,36(2):298-305.

[10] 高明仕,窦林名,卢全体,等.冲击矿压巷道围岩控制的强弱强结构力学模型及其应用分析[J].煤矿支护,2013(1):1-6.

[11] GAO M S,HE Y L,XU D,et al.A new theoretical model of rock burst-prone roadway support and its application[J].Geofluids,2021,2021:1-11.

[12] WU Y Z,GAO F Q,CHEN J Y,et al.Experimental study on the per-

formance of rock bolts in coal burst-prone mines[J].Rock mechanics and rock engineering,2019,52(10):3959-3970.

[13] RANJITH P G,ZHAO J,JU M H,et al.Opportunities and challenges in deep mining:a brief review[J].Engineering,2017,3(4):546-551.

[14] 杨惠莲.冲击地压的特征、发生原因与影响因素[J].煤炭工程师,1989(2):37-42.

[15] 张镜剑,傅冰骏.岩爆及其判据和防治[J].岩石力学与工程学报,2008,27(10):2034-2042.

[16] 谢和平,彭瑞东,周宏伟,等.基于断裂力学与损伤力学的岩石强度理论研究进展[J].自然科学进展,2004,14(10):1086-1092.

[17] COOK N G W.The failure of rock[J].International journal of rock mechanics and mining sciences and geomechanics abstracts,1965,2(4):389-403.

[18] 煤炭科学研究院北京开采研究所.煤矿地表移动与覆岩破坏规律及其应用[M].北京:煤炭工业出版社,1981.

[19] WAWERSIK W R,FAIRHURST C.A study of brittle rock fracture in laboratory compression experiments[J].International journal of rock mechanics and mining sciences and geomechanics abstracts,1970,7(5):561-575.

[20] HUDSON J A,CROUCH S L,FAIRHURST C.Soft,stiff and servo-controlled testing machines:a review with reference to rock failure[J].Engineering geology,1972,6(3):155-189.

[21] 崔铁军,李莎莎,王来贵.基于能量理论的冲击地压细观过程研究[J].安全与环境学报,2018,18(2):474-480.

[22] 窦林名,赵从国,杨思光.煤矿开采冲击矿压灾害防治[M].徐州:中国矿业大学出版社,2006.

[23] SUBHRALINA P S.Classification of mine workings according to their rockburst proneness[J].Mining science and technology,1989,8(3):253-262.

[24] 齐庆新,彭永伟,李宏艳,等.煤岩冲击倾向性研究[J].岩石力学与工程学报,2011,30(S1):2736-2742.

[25] 李玉生.冲击地压机理及其初步应用[J].中国矿业学院学报,1985(3):37-44.

［26］章梦涛.冲击地压失稳理论与数值模拟计算［J］.岩石力学与工程学报，1987(3):197-205.

［27］梁冰,章梦涛.采区冲击地压的数值预测［J］.矿山压力与顶板管理,1995(2):12-15.

［28］王来贵,潘一山,梁冰,等.矿井不连续面冲击地压发生过程分析［J］.中国矿业,1996,5(3):61-65.

［29］齐庆新,史元伟,刘天泉.冲击地压粘滑失稳机理的实验研究［J］.煤炭学报,1997(2):34-38.

［30］齐庆新,刘天泉,史元伟,等.冲击地压的摩擦滑动失稳机理［J］.矿山压力与顶板管理,1995(3):174-177.

［31］姜福兴,苗小虎,王存文,等.构造控制型冲击地压的微地震监测预警研究与实践［J］.煤炭学报,2010,35(6):900-903.

［32］陈国祥,窦林名,乔中栋,等.褶皱区应力场分布规律及其对冲击矿压的影响［J］.中国矿业大学学报,2008,37(6):751-755.

［33］张宁博,赵善坤,邓志刚,等.动静载作用下逆冲断层力学失稳机制研究［J］.采矿与安全工程学报,2019,36(6):1186-1192.

［34］林远东,涂敏,付宝杰,等.断层自锁与活化的力学机理及稳定性控制［J］.采矿与安全工程学报,2019,36(5):898-905.

［35］林远东,涂敏,付宝杰,等.采动影响下断层稳定性的力学机理及其控制研究［J］.煤炭科学技术,2019,47(9):158-165.

［36］顾士坦,黄瑞峰,谭云亮,等.背斜构造成因机制及冲击地压灾变机理研究［J］.采矿与安全工程学报,2015,32(1):59-64.

［37］王书文,鞠文君,潘俊锋,等.构造应力场煤巷掘进冲击地压能量分区演化机制［J］.煤炭学报,2019,44(7):2000-2010.

［38］李振雷,窦林名,蔡武,等.深部厚煤层断层煤柱型冲击矿压机制研究［J］.岩石力学与工程学报,2013,32(2):333-342.

［39］蔡武,窦林名,王桂峰,等.煤层采掘活动引起断层活化的力学机制及其诱冲机理［J］.采矿与安全工程学报,2019,36(6):1193-1202.

［40］潘一山.煤矿冲击地压扰动响应失稳理论及应用［J］.煤炭学报,2018,43(8):2091-2098.

［41］姜耀东,赵毅鑫,宋彦琦,等.放炮震动诱发煤矿巷道动力失稳机理分析［J］.岩石力学与工程学报,2005,24(17):3131-3136.

［42］鞠文君.急倾斜特厚煤层水平分层开采巷道冲击地压成因与防治技术研

究[D].北京:北京交通大学,2009.

[43] 刘少虹.动载冲击地压机理分析与防治实践[D].北京:煤炭科学研究总院,2013.

[44] 窦林名,陆菜平,牟宗龙,等.冲击矿压的强度弱化减冲理论及其应用[J].煤炭学报,2005,30(6):690-694.

[45] LI Z L,HE X Q,DOU L M,et al.Numerical investigation of load shedding and rockburst reduction effects of top-coal caving mining in thick coal seams[J].International journal of rock mechanics and mining sciences,2018,110:266-278.

[46] 卢爱红,茅献彪,赵玉成.动力扰动诱发巷道围岩冲击失稳的能量密度判据[J].应用力学学报,2008,25(4):602-607.

[47] 赵阳升,冯增朝,万志军.岩体动力破坏的最小能量原理[J].岩石力学与工程学报,2003,22(11):1781-1783.

[48] 姜福兴,王平,冯增强,等.复合型厚煤层"震-冲"型动力灾害机理、预测与控制[J].煤炭学报,2009,34(12):1605-1609.

[49] 潘立友,张文革,杨慧珠.冲击煤体扩容特性的实验研究[J].山东科技大学学报(自然科学版),2005,24(1):18-20.

[50] 潘俊锋.煤矿冲击地压启动理论及其成套技术体系研究[J].煤炭学报,2019,44(1):173-182.

[51] 潘俊锋,宁宇,毛德兵,等.煤矿开采冲击地压启动理论[J].岩石力学与工程学报,2012,31(3):586-596.

[52] 赵毅鑫,姜耀东,田素鹏.冲击地压形成过程中能量耗散特征研究[J].煤炭学报,2010,35(12):1979-1983.

[53] 闫永敢,朱涛,张百胜,等.冲击地压震源机理研究[J].太原理工大学学报,2010,41(3):227-230.

[54] 李海涛,刘军,赵善坤,等.考虑顶底板夹持作用的冲击地压孕灾机制试验研究[J].煤炭学报,2018,43(11):2951-2958.

[55] XIE H P,PARISEAU W G.Fractal character and mechanism of rock bursts[J].International journal of rock mechanics and mining sciences and geomechanics abstracts,1993,30(4):343-350.

[56] 谢和平,PARISEAU W G.岩爆的分形特征和机理[J].岩石力学与工程学报,1993,12(1):28-37.

[57] 唐春安,徐小荷.灾变理论在岩石破裂过程试验研究中的应用[J].有色金

属,1990(4):7-12.

[58] 张黎明,王在泉,张晓娟,等.岩体动力失稳的折迭突变模型[J].岩土工程学报,2009,31(4):552-557.

[59] 潘岳,刘英,顾善发.矿井断层冲击地压的折迭突变模型[J].岩石力学与工程学报,2001,20(1):43-48.

[60] 黄庆享,高召宁.巷道冲击地压的损伤断裂力学模型[J].煤炭学报,2001,26(2):156-159.

[61] 黄滚,尹光志.冲击地压粘滑失稳的混沌特性[J].重庆大学学报(自然科学版),2009,32(6):633-637.

[62] MILEV A M,SPOTTISWOODE S M.Integrated seismicity around deep-level stopes in South Africa[J].International journal of rock mechanics and mining sciences,1997,34(3/4):1-10.

[63] 潘一山,章梦涛,王来贵,等.地下硐室岩爆的相似材料模拟试验研究[J].岩土工程学报,1997,19(4):49-56.

[64] 潘一山,张永利,徐颖,等.矿井冲击地压模拟试验研究及应用[J].煤炭学报,1998,23(6):590-595.

[65] 李利萍,潘一山,王晓纯,等.开采深度和垂直冲击荷载对超低摩擦型冲击地压的影响分析[J].岩石力学与工程学报,2014,33(S1):3225-3230.

[66] 何满潮,刘冬桥,宫伟力,等.冲击岩爆试验系统研发及试验[J].岩石力学与工程学报,2014,33(9):1729-1739.

[67] 刘冬桥,何满潮,汪承超,等.动载诱发冲击地压的实验研究[J].煤炭学报,2016,41(5):1099-1105.

[68] 窦林名,何江,曹安业,等.煤矿冲击矿压动静载叠加原理及其防治[J].煤炭学报,2015,40(7):1469-1476.

[69] 何江,窦林名,蔡武,等.薄煤层动静组合诱发冲击地压的机制[J].煤炭学报,2014,39(11):2177-2182.

[70] HE J,DOU L M,GONG S Y,et al.Rock burst assessment and prediction by dynamic and static stress analysis based on micro-seismic monitoring[J].International journal of rock mechanics and mining sciences,2017,93:46-53.

[71] 曹安业,范军,牟宗龙,等.矿震动载对围岩的冲击破坏效应[J].煤炭学报,2010,35(12):2006-2010.

[72] 夏永学,蓝航,毛德兵.动静载作用下冲击地压启动条件及防治技术[J].

煤矿开采,2013,18(5):83-86.

[73] 朱万成,左宇军,尚世明,等.动态扰动触发深部巷道发生失稳破裂的数值模拟[J].岩石力学与工程学报,2007,26(5):915-921.

[74] 朱万成,唐春安,黄志平,等.静态和动态载荷作用下岩石劈裂破坏模式的数值模拟[J].岩石力学与工程学报,2005,24(1):1-7.

[75] 秦昊,茅献彪.应力波扰动诱发冲击矿压数值模拟研究[J].采矿与安全工程学报,2008,25(2):127-131.

[76] 蔡武,窦林名,李振雷,等.微震多维信息识别与冲击矿压时空预测:以河南义马跃进煤矿为例[J].地球物理学报,2014,57(8):2687-2700.

[77] CAI W,DOU L M,GONG S Y,et al.Quantitative analysis of seismic velocity tomography in rock burst hazard assessment [J]. Natural hazards,2015,75(3):2453-2465.

[78] 王博,姜福兴,朱斯陶,等.深井工作面顶板疏水区高强度开采诱冲机制及防治[J].煤炭学报,2020,45(9):3054-3064.

[79] 张万斌,齐庆新,李首滨.地音监测系统软件MAE与微震监测系统软件MRB的研制与应用[J].煤矿开采,1992(1):14-19.

[80] 谭云亮,郭伟耀,辛恒奇,等.煤矿深部开采冲击地压监测解危关键技术研究[J].煤炭学报,2019,44(1):160-172.

[81] 夏永学,蓝航,魏向志.基于微震和地音监测的冲击危险性综合评价技术研究[J].煤炭学报,2011,36(S2):358-364.

[82] 朱斯陶,姜福兴,刘金海,等.复合厚煤层巷道掘进冲击地压机制及监测预警技术[J].煤炭学报,2020,45(5):1659-1670.

[83] 窦林名,蔡武,巩思园,等.冲击危险性动态预测的震动波CT技术研究[J].煤炭学报,2014,39(2):238-244.

[84] 曹安业,王常彬,窦林名,等.临近断层孤岛面开采动力显现机理与震动波CT动态预警[J].采矿与安全工程学报,2017,34(3):411-417.

[85] 王恩元,贾慧霖,李忠辉,等.用电磁辐射法监测预报矿山采空区顶板稳定性[J].煤炭学报,2006,31(1):16-19.

[86] 何学秋,聂百胜,何俊,等.顶板断裂失稳电磁辐射特征研究[J].岩石力学与工程学报,2007,26(S1):2935-2940.

[87] 李忠辉,王恩元,何学秋,等.掘进工作面前方电磁辐射分布规律研究[J].中国矿业大学学报,2007,36(2):142-147.

[88] 潘一山,罗浩,赵扬锋.电荷感应监测技术在矿山动力灾害中的应用[J].

煤炭科学技术,2013,41(9):9-33,78.

[89] 潘俊锋,冯美华,卢振龙,等.煤矿冲击地压综合监测预警平台研究及应用[J].煤炭科学技术,2021,49(6):32-41.

[90] 杨光宇,姜福兴,曲效成,等.特厚煤层掘进工作面冲击地压综合监测预警技术研究[J].岩土工程学报,2019,41(10):1949-1958.

[91] 窦林名,周坤友,宋士康,等.煤矿冲击矿压机理、监测预警及防控技术研究[J].工程地质学报,2021,29(4):917-932.

[92] 袁亮.煤矿典型动力灾害风险判识及监控预警技术研究进展[J].煤炭学报,2020,45(5):1557-1566.

[93] 李新华,张向东.浅埋煤层坚硬直接顶破断诱发冲击地压机理及防治[J].煤炭学报,2017,42(2):510-517.

[94] 潘俊锋,宁宇,蓝航,等.基于千秋矿冲击性煤样浸水时间效应的煤层注水方法[J].煤炭学报,2012,37(S1):19-25.

[95] 李杭州.坚硬煤层放顶煤注水弱化研究[D].西安:西安科技大学,2003.

[96] 成云海,姜福兴,张兴民,等.微震监测揭示的C型采场空间结构及应力场[J].岩石力学与工程学报,2007,26(1):102-107.

[97] 朱月明,潘一山,孙可明.急倾斜煤层开采解放层相似模拟实验[J].辽宁工程技术大学学报(自然科学版),2003,22(2):205-207.

[98] 王洛锋,姜福兴,于正兴.深部强冲击厚煤层开采上、下解放层卸压效果相似模拟试验研究[J].岩土工程学报,2009,31(3):442-446.

[99] 唐治,潘一山,李忠华,等.深部强冲击地压易发矿区厚煤层开采解放层卸压效果数值模拟[J].中国地质灾害与防治学报,2011,22(1):128-132.

[100] 吴向前,窦林名,吕长国,等.上解放层开采对下煤层卸压作用研究[J].煤炭科学技术,2012,40(3):28-31.

[101] 盖德成,李东,姜福兴,等.基于不同强度煤体的合理卸压钻孔间距研究[J].采矿与安全工程学报,2020,37(3):578-585.

[102] ZHANG S C, LI Y Y, SHEN B T, et al. Effective evaluation of pressure relief drilling for reducing rock bursts and its application in underground coal mines[J]. International journal of rock mechanics and mining sciences,2019,114:7-16.

[103] 吕进国,李守国,赵洪瑞,等.高地应力条件下高压空气爆破卸压增透技术实验研究[J].煤炭学报,2019,44(4):1115-1128.

[104] ZHANG X, KANG H P. Pressure relief mechanism of directional

hydraulic fracturing for gob-side entry retaining and its application[J]. Shock and vibration,2021,2021:1-8.

[105] KANG H P,LV H W,GAO F Q,et al.Understanding mechanisms of destressing mining-induced stresses using hydraulic fracturing[J]. International journal of coal geology,2018,196:19-28.

[106] 刘红岗,贺永年,韩立军,等.深井煤巷卸压孔与锚网联合支护的模拟与实践[J].采矿与安全工程学报,2006,23(3):258-263.

[107] 曹安业,朱亮亮,杜中雨,等.巷道底板冲击控制原理与解危技术研究[J].采矿与安全工程学报,2013,30(6):848-855.

[108] 马振乾,姜耀东,李彦伟,等.极软煤层巷道钻孔卸压与 U 型钢协同控制[J].煤炭学报,2015,40(10):2279-2286.

[109] 王猛,王襄禹,肖同强.深部巷道钻孔卸压机理及关键参数确定方法与应用[J].煤炭学报,2017,42(5):1138-1145.

[110] 王猛,郑冬杰,王襄禹,等.深部巷道钻孔卸压围岩弱化变形特征与蠕变控制[J].采矿与安全工程学报,2019,36(3):437-445.

[111] 丛森,程建远,王保利,等.基于槽波波速层析成像的爆破卸压效果评价方法[J].煤炭学报,2018,43(S2):426-433.

[112] 刘少虹,潘俊锋,刘金亮,等.基于卸支耦合的冲击地压煤层卸压爆破参数优化[J].煤炭科学技术,2018,46(11):21-29.

[113] 刘少虹,潘俊锋,毛德兵,等.爆破动载下强冲击危险巷道锚杆轴力定量损失规律的试验研究[J].煤炭学报,2016,41(5):1120-1128.

[114] 刘志刚,曹安业,井广成.煤体卸压爆破参数正交试验优化设计研究[J].采矿与安全工程学报,2018,35(5):931-939.

[115] ALNEASAN M,BEHNIA M.An experimental investigation on tensile fracturing of brittle rocks by considering the effect of grain size and mineralogical composition[J].International journal of rock mechanics and mining sciences,2021,137:104570.

[116] BEHNIA M,GOSHTASBI K,ZHANG G Q,et al.Numerical modeling of hydraulic fracture propagation and reorientation[J].European journal of environmental and civil engineering,2015,19(2):152-167.

[117] 赵子江,刘大安,崔振东,等.循环渐进升压对页岩压裂效果的影响[J].岩石力学与工程学报,2019,38(S1):2779-2789.

[118] 鲍先凯,杨东伟,段东明,等.高压电脉冲水力压裂法煤层气增透的试验

与数值模拟[J].岩石力学与工程学报,2017,36(10):2415-2423.

[119] 朱斯陶,董续凯,姜福兴,等.硫磺沟煤矿巨厚强冲击煤层掘进工作面超前钻孔卸压失效机理研究[J].采矿与安全工程学报,2022,39(1):45-53.

[120] 陆士良,汤雷,杨新安.锚杆锚固力及锚固技术[M].北京:煤炭工业出版社,1998.

[121] 孟庆彬,孔令辉,韩立军,等.深部软弱破碎复合顶板煤巷稳定控制技术[J].煤炭学报,2017,42(10):2554-2564.

[122] LI C L.Rock support design based on the concept of pressure arch[J].International journal of rock mechanics and mining sciences,2006,43(7):1083-1090.

[123] YANG Q,LIU Y R,CHEN Y R.Stability and reinforcement analyses of high arch dams by considering deformation effects[J].Journal of rock mechanics and geotechnical engineering,2010,2(4):305-313.

[124] 董方庭,宋宏伟,郭志宏,等.巷道围岩松动圈支护理论[J].煤炭学报,1994,19(1):21-32.

[125] HOU C J.Review of roadway control in soft surrounding rock under dynamic pressure[J].Journal of coal science and engineering,2003,9(1):1-7.

[126] WEI W J,HOU C J.Study of mechanical principle of floor heave of roadway driving along next goaf in fully mechanized sub-level caving face[J].Journal of coal science and engineering,2001,7(1):13-17.

[127] 侯朝炯.煤巷锚杆支护的关键理论与技术[J].矿山压力与顶板管理,2002(1):2-5.

[128] 朱建明,徐秉业,任天贵.巷道围岩主次承载区协调作用[J].中国矿业,2000,9(2):41-44.

[129] 赵树德.圆形洞室弹塑性地压及位移的计算理论与方法探讨[J].西安建筑科技大学学报(自然科学版),1979(4):49-64.

[130] 徐鹏,杨圣奇.循环加卸载下煤的黏弹塑性蠕变本构关系研究[J].岩石力学与工程学报,2015,34(3):537-545.

[131] 陈士海,夏晓,彭陆强,等.深部隧道开挖时空效应及其黏弹塑性分析[J].隧道与地下工程灾害防治,2021(1):12-21.

[132] 梁文添,陈劲慧.新奥法在三连拱特大断面隧道施工中的应用[J].岩石

力学与工程学报,2017,36(11):2755-2766.

[133] 文竞舟,杨春雷,粟海涛,等.软弱破碎围岩隧道锚喷钢架联合支护的复合拱理论及应用研究[J].土木工程学报,2015,48(5):109-115.

[134] MENG Q B,HAN L J,SUN J W,et al.Experimental study on the bolt-cable combined supporting technology for the extraction roadways in weakly cemented strata[J].International journal of mining science and technology,2015,25(1):113-119.

[135] 王金华.全煤巷道锚杆锚索联合支护机理与效果分析[J].煤炭学报,2012,37(1):1-7.

[136] 李学彬,杨仁树,高延法,等.杨庄矿软岩巷道锚杆与钢管混凝土支架联合支护技术研究[J].采矿与安全工程学报,2015,32(2):285-290.

[137] 康红普,林健,吴拥政.全断面高预应力强力锚索支护技术及其在动压巷道中的应用[J].煤炭学报,2009,34(9):1153-1159.

[138] 康红普,王金华,林健.煤矿巷道支护技术的研究与应用[J].煤炭学报,2010,35(11):1809-1814.

[139] KANG H P,YANG J H,MENG X Z.Tests and analysis of mechanical behaviours of rock bolt components for China's coal mine roadways[J].Journal of rock mechanics and geotechnical engineering,2015,7(1):14-26.

[140] 高明仕.冲击矿压巷道围岩的强弱强结构控制原理[M].徐州:中国矿业大学出版社,2011.

[141] 康红普,吴拥政,何杰,等.深部冲击地压巷道锚杆支护作用研究与实践[J].煤炭学报,2015,40(10):2225-2233

[142] 康红普,姜鹏飞,黄炳香,等.煤矿千米深井巷道围岩支护-改性-卸压协同控制技术[J].煤炭学报,2020,45(3):845-864.

[143] 郑建伟,鞠文君,张镇,等.等效断面支护原理与其应用[J].煤炭学报,2020,45(3):1036-1043.

[144] 焦建康,鞠文君,吴拥政,等.动载冲击地压巷道围岩稳定性多层次控制技术[J].煤炭科学技术,2019,47(12):10-17.

[145] 潘一山,齐庆新,王爱文,等.煤矿冲击地压巷道三级支护理论与技术[J].煤炭学报,2020,45(5):1585-1594.

[146] 王爱文,潘一山,齐庆新,等.煤矿冲击地压巷道三级吸能支护的强度计算方法[J].煤炭学报,2020,45(9):3087-3095.

［147］吴拥政,付玉凯,何杰,等.深部冲击地压巷道"卸压-支护-防护"协同防控原理与技术[J].煤炭学报,2021,46(1):132-144.

［148］谭云亮,郭伟耀,赵同彬,等.深部煤巷帮部失稳诱冲机理及"卸-固"协同控制研究[J].煤炭学报,2020,45(1):66-81.

［149］吕可,王金安,李鹏波.冲击地压巷道周边动力放大效应及支护参数调控策略[J].采矿与安全工程学报,2019,36(6):1168-1177.

［150］姚精明,王路,闫永业,等.冲击地压巷道桁架锚索支护原理与实践[J].采矿与安全工程学报,2017,34(3):535-541.

［151］林健,吴拥政,丁吉,等.冲击矿压巷道支护锚杆杆体材料优选[J].煤炭学报,2016,41(3):552-556.

［152］何满潮,王炯,孙晓明,等.负泊松比效应锚索的力学特性及其在冲击地压防治中的应用研究[J].煤炭学报,2014,39(2):214-221.

［153］潘一山,肖永惠,李忠华,等.冲击地压矿井巷道支护理论研究及应用[J].煤炭学报,2014,39(2):222-228.

［154］潘一山,肖永惠,李国臻.巷道防冲液压支架研究及应用[J].煤炭学报,2020,45(1):90-99.

［155］王爱文,高乾书,代连朋,等.锚杆静-动力学特性及其冲击适用性[J].煤炭学报,2018,43(11):2999-3006.

［156］唐治,潘一山,朱小景,等.自移式吸能防冲巷道超前支架设计与研究[J].煤炭学报,2016,41(4):1032-1037.

［157］徐连满,马柳,姜笑楠,等.冲击地压载荷下O型棚支架动力响应规律研究[J].煤炭科学技术,2022,50(4):49-57.

［158］徐连满,潘威翰,潘一山,等.O型棚支护抵抗冲击地压等级计算方法[J].煤炭学报,2020,45(10):3408-3417.

［159］付玉凯,鞠文君,吴拥政,等.深部回采巷道锚杆(索)防冲吸能机理与实践[J].煤炭学报,2020,45(S2):609-617.

［160］高永新,谭淼,谢苗.矿用缓冲吸能装置的优化与实验[J].煤炭学报,2020,45(9):3325-3332.

［161］卢熹,李鹏波.冲击性巷道锚网支护参数优化技术研究[J].煤炭科学技术,2014,42(9):87-90.

［162］陈荣华,钱鸣高,缪协兴.注水软化法控制厚硬关键层采场来压数值模拟[J].岩石力学与工程学报,2005,24(13):2266-2271.

［163］章梦涛,宋维源,潘一山.煤层注水预防冲击地压的研究[J].中国安全科

学学报,2003,13(10):69-72.

[164] 吴耀焜,王淑坤,张万斌.煤层注水预防冲击地压的机理探讨[J].煤炭学报,1989,14(2):69-80.

[165] 单鹏飞,张帅,来兴平,等.不同卸压措施下"双能量"指标协同预警及调控机制分析[J].岩石力学与工程学报,2021,40(S2):3261-3273.

[166] WANG T,HU W R,ELSWORTH D,et al.The effect of natural fractures on hydraulic fracturing propagation in coal seams[J].Journal of petroleum science and engineering,2017,150:180-190.

[167] CHENG Q Y,HUANG B X,SHAO L Y,et al.Combination of pre-pulse and constant pumping rate hydraulic fracturing for weakening hard coal and rock mass[J].Energies,2020,13(21):5534.

[168] 吴拥政,康红普.煤柱留巷定向水力压裂卸压机理及试验[J].煤炭学报,2017,42(5):1130-1137.

[169] GUO P F,YE K K,TAO Z G,et al.Experimental study on key parameters of bidirectional cumulative tensile blasting with coal-containing composite roof[J].KSCE journal of civil engineering,2021,25(5):1718-1731.

[170] ZHANG Y N,DENG J R,DENG H W,et al.Peridynamics simulation of rock fracturing under liquid carbon dioxide blasting [J].International journal of damage mechanics,2019,28(7):1038-1052.

[171] 祁和刚,于健浩.深部高应力区段煤柱留设合理性及综合卸荷技术[J].煤炭学报,2018,43(12):3257-3264.

[172] 吕祥锋,潘一山,李忠华.多孔金属材料刚柔吸能结构及其在冲击地压巷道支护中的应用[J].防灾减灾工程学报,2011,31(2):185-190.

[173] 吕祥锋,潘一山,肖晓春.抗爆缓冲材料动态力学特性及微观破裂分析[J].岩石力学与工程学报,2012,31(S1):2821-2828.

[174] 李新旺,孙利辉,杨本生,等.巷道底板软弱夹层厚度对底鼓影响的模拟分析[J].采矿与安全工程学报,2017,34(3):504-510.

[175] 王凯兴,窦林名,潘一山,等.块系覆岩破坏对巷道顶板的防冲吸能效应研究[J].中国矿业大学学报,2017,46(6):1211-1217.

[176] 宋万鹏,陈卫忠,赵武胜,等.强震区隧洞工程服役期抗震性能研究[J].岩石力学与工程学报,2018,37(S1):3533-3541.

[177] 李鹏宇,崔光耀,王明胜.强震区跨断层隧道局部接触注浆抗震效果研

究[J].高速铁路技术,2019,10(4):61-65.

[178] SUN Q Q,DIAS D.Assessment of stress relief during excavation on the seismic tunnel response by the pseudo-static method[J].Soil dynamics and earthquake engineering,2019,117:384-397.

[179] SEYYED M H,SIAVASH K.Dynamic response of an eccentrically lined circular tunnel in poroelastic soil under seismic excitation[J].Soil dynamics and earthquake engineering,2008,28(4):277-292.

[180] 倪茜,卫林斌.减震层作用下地铁车站结构的三维减震分析[J].西安科技大学学报,2018,38(3):459-465.

[181] 朱正国,余剑涛,隋传毅,等.高烈度活断层地区隧道结构抗震的综合措施[J].中国铁道科学,2014,35(6):55-62.

[182] 王利军,何忠明,蔡军.减震沟参数对地铁隧道爆破减震效果的影响[J].中南大学学报(自然科学版),2018,49(3):747-755.

[183] 王芳其.穿越次级断层隧道地震动力响应及减震层效果分析[J].公路交通技术,2018,34(2):68-74.

[184] 胡志平,魏雪妮,张鹏,等.EPS颗粒-黄土混合土减震层对黄土地区隧道衬砌结构的减震作用[J].建筑科学与工程学报,2017,34(3):103-111.

[185] 刘颖芳,刘仁辉,石少卿,等.应用泡沫铝降低地下爆炸冲击波的数值分析[J].地下空间与工程学报,2008,4(2):230-233,309.

[186] 谢和平,彭瑞东,鞠杨.岩石变形破坏过程中的能量耗散分析[J].岩石力学与工程学报,2004,23(21):123-124.

[187] 谢和平,彭瑞东,鞠杨,等.岩石破坏的能量分析初探[J].岩石力学与工程学报,2005,24(15):2603-2608.

[188] 尤明庆,华安增.岩石试样破坏过程的能量分析[J].岩石力学与工程学报,2002,21(6):778-781.

[189] 王爱文,高乾书,潘一山,等.预制钻孔煤样冲击倾向性及能量耗散规律[J].煤炭学报,2021,46(3):959-972.

[190] 赵洪宝,吉东亮,李金雨,等.单双向约束下冲击荷载对煤样渐进破坏的影响规律研究[J].岩石力学与工程学报,2021,40(1):53-64.

[191] 张广辉,邓志刚,蒋军军,等.不同加载方式下强冲击倾向性煤声发射特征研究[J].采矿与安全工程学报,2020,37(5):977-982.

[192] 马德鹏,周岩,刘传孝,等.不同卸围压速率下煤样卸荷破坏能量演化特征[J].岩土力学,2019,40(7):2645-2652.

[193] 肖晓春,丁鑫,赵鑫,等.加载速率影响的煤体破裂过程声-电荷试验研究[J].岩土力学,2017,38(12):3419-3426.

[194] 龚爽,赵毅鑫.层理对煤岩动态断裂及能量耗散规律影响的试验研究[J].岩石力学与工程学报,2017,36(S2):3723-3731.

[195] 张辉,程利兴,李国盛.基于巴西劈裂法的饱水煤样能量耗散特征研究[J].实验力学,2016,31(4):534-542.

[196] 马振乾,姜耀东,李彦伟,等.加载速率和围压对煤能量演化影响试验研究[J].岩土工程学报,2016,38(11):2114-2121.

[197] 赵毅鑫,龚爽,黄亚琼.冲击载荷下煤样动态拉伸劈裂能量耗散特征实验[J].煤炭学报,2015,40(10):2320-2326.

[198] 刘江伟,黄炳香,魏民涛.单轴循环荷载对煤弹塑性和能量积聚耗散的影响[J].辽宁工程技术大学学报(自然科学版),2012,31(1):26-30.

[199] 曹安业,窦林名,王洪海,等.采动煤岩体中冲击震动波传播的微震效应试验研究[J].采矿与安全工程学报,2011,28(4):530-535.

[200] 曹丽丽,浦海,李明,等.煤系砂岩动态拉伸破坏及能量耗散特征的试验研究[J].煤炭学报,2017,42(2):492-499.

[201] 余永强,张文龙,范利丹,等.冲击荷载下煤系砂岩应变率效应及能量耗散特征[J].煤炭学报,2021,46(7):2281-2293.

[202] LI D Y,HAN Z Y,SUN X L,et al.Dynamic mechanical properties and fracturing behavior of marble specimens containing single and double flaws in SHPB tests[J].Rock mechanics and rock engineering,2019,52(6):1623-1643.

[203] BOBET A,EINSTEIN H H.Fracture coalescence in rock-type materials under uniaxial and biaxial compression[J].International journal of rock mechanics and mining sciences,1998,35(7):863-888.

[204] 韩震宇,李地元,朱泉企,等.含端部裂隙大理岩单轴压缩破坏及能量耗散特性[J].工程科学学报,2020,42(12):1588-1596.

[205] 杨仁树,李炜煜,方士正,等.层状复合岩体冲击动力学特性试验研究[J].岩石力学与工程学报,2019,38(9):1747-1757.

[206] 唐礼忠,刘昌,王春,等.频繁动力扰动对围压卸载中高储能岩体的动力学影响[J].爆炸与冲击,2019,39(6):144-154.

[207] 贾帅龙,王志亮,巫绪涛,等.不同冲击荷载下花岗岩力学和能量耗散特性[J].哈尔滨工业大学学报,2020,52(2):67-74.

[208] 鲁义强,张盛,高明忠,等.多次应力波作用下 P-CCNBD 岩样动态断裂的能量耗散特性研究[J].岩石力学与工程学报,2018,37(5):1106-1114.

[209] 王笑然,王恩元,刘晓斐,等.含雁行裂纹砂岩静态加载速率效应实验研究[J].煤炭学报,2017,42(10):2582-2591.

[210] 李地元,韩震宇,孙小磊,等.含预制裂隙大理岩 SHPB 动态力学破坏特性试验研究[J].岩石力学与工程学报,2017,36(12):2872-2883.

[211] 王平,朱永建,冯涛,等.砂岩试件加载-卸荷-加载损伤弱化试验分析[J].煤炭学报,2016,41(12):2960-2967.

[212] 衡帅,杨春和,李芷,等.基于能量耗散的页岩脆性特征[J].中南大学学报(自然科学版),2016(2):577-585.

[213] 何明明,李宁,陈蕴生,等.分级循环荷载下岩石动力学行为试验研究[J].岩土力学,2015,36(10):2907-2913.

[214] 平琦,骆轩,马芹永,等.冲击载荷作用下砂岩试件破碎能耗特征[J].岩石力学与工程学报,2015,34(S2):4197-4203.

[215] 金解放,李夕兵,殷志强,等.轴压和围压对循环冲击下砂岩能量耗散的影响[J].岩土力学,2013,34(11):3096-3102,3109.

[216] 许国安,牛双建,靖洪文,等.砂岩加卸载条件下能耗特征试验研究[J].岩土力学,2011,32(12):3611-3617.

[217] LI S H,ZHU W C,NIU L L,et al.Dynamic characteristics of green sandstone subjected to repetitive impact loading:phenomena and mechanisms[J].Rock mechanics and rock engineering,2018,51(6):1921-1936.

[218] HE Y L,GAO M S,ZHAO H C,et al.Behaviour of foam concrete under impact loading based on SHPB experiments[J].Shock and vibration,2019,2019:1-13.

[219] GONG F Q,SI X F,LI X B,et al.Dynamic triaxial compression tests on sandstone at high strain rates and low confining pressures with split Hopkinson pressure bar[J].International journal of rock mechanics and mining sciences,2019,113:211-219.

[220] 金解放,李夕兵,钟海兵.三维静载与循环冲击组合作用下砂岩动态力学特性研究[J].岩石力学与工程学报,2013,32(7):1358-1372.

[221] ZHU J B,LIAO Z Y,TANG C A.Numerical SHPB tests of rocks un-

der combined static and dynamic loading conditions with application to dynamic behavior of rocks under in situ stresses[J]. Rock mechanics and rock engineering,2016,49(10):3935-3946.

[222] ZHANG H T,MA L J,LUO Z M,et al. Wave attenuation and dispersion in a 6 mm diameter viscoelastic split Hopkinson pressure bar and its correction method[J]. Shock and vibration,2020,2020:1-10.

[223] MENG H,LI Q M. Correlation between the accuracy of a SHPB test and the stress uniformity based on numerical experiments[J]. International journal of impact engineering,2003,28(5):537-555.

[224] YANG L M,SHIM V P W. An analysis of stress uniformity in split Hopkinson bar test specimens[J]. International journal of impact engineering,2005,31(2):129-150.

[225] NIU L L,ZHU W C,LI S,et al. Spalling of a one-dimensional viscoelastic bar induced by stress wave propagation[J]. International journal of rock mechanics and mining sciences,2020,131:104317.

[226] DARYADEL S S,MANTENA P R,KIM K,et al. Dynamic response of glass under low-velocity impact and high strain-rate SHPB compression loading[J]. Journal of non-crystalline solids,2016,432:432-439.

[227] LI M,MAO X B,CAO L L,et al. Influence of heating rate on the dynamic mechanical performance of coal measure rocks[J]. International journal of geomechanics,2017,17(8):1-12.

[228] 郭瑞奇,任辉启,张磊,等. 分离式大直径 Hopkinson 杆实验技术研究进展[J]. 兵工学报,2019,40(7):1518-1536.

[229] YANG Z H,FAN C J,LAN T W,et al. Dynamic mechanical and microstructural properties of outburst-prone coal based on compressive SHPB tests[J]. Energies,2019,12(22):4236.

[230] TANUSREE C,SUNITA M,JOSH L,et al. Characterization of three Himalayan rocks using a split Hopkinson pressure bar [J]. International journal of rock mechanics and mining sciences,2016,85:112-118.

[231] LI X,WANG S,XIA K,et al. Dynamic tensile response of a microwave damaged granitic rock[J]. Experimental mechanics,2021,61(3):461-468.

[232] 周永强,盛谦,李娜娜,等. 不同应变率下岩石材料强度和模量的动态增强因子模型研究[J]. 岩石力学与工程学报,2020,39(S2):3245-3259.

［233］ ZHOU Z L，CAI X，ZHAO Y，et al．Strength characteristics of dry and saturated rock at different strain rates［J］．Transactions of nonferrous metals society of China，2016，26（7）：1919-1925.

［234］ 李顺才，李大权，张农，等．煤样抗压强度与弹性模量的多元回归模型［J］.湖南科技大学学报（自然科学版），2020，35（1）：1-9.

［235］ 刘俊新，张可，刘伟，等.不同围压及应变速率下页岩变形及破损特性试验研究［J］.岩土力学，2017，38（S1）：43-52.

［236］ ZHAI Y，MA G W，ZHAO J H，et al．Dynamic failure analysis on granite under uniaxial impact compressive load［J］.Frontiers of architecture and civil engineering in China，2008，2（3）：253-260.

［237］ MISHRA S，CHAKRABORTY T，MATSAGAR V，et al．High strain-rate characterization of Deccan trap rocks using SHPB device［J］.Journal of materials in civil engineering，2018，30（5）：1-9.

［238］ CHEN R，YAO W，LU F，et al．Evaluation of the stress equilibrium condition in axially constrained triaxial SHPB tests［J］.Experimental mechanics，2018，58（3）：527-531.

［239］ 温森，赵现伟，常玉林，等.基于 SHPB 的复合岩样动态压缩破坏能量耗散分析［J］.应用基础与工程科学学报，2021，29（2）：483-492.

［240］ 薛东杰，周宏伟，王子辉，等.不同加载速率下煤岩采动力学响应及破坏机制［J］.煤炭学报，2016，41（3）：595-602.

［241］ XU D K，MU C M，ZHANG W Q，et al．Research on energy dissipation laws of coal crushing under the impact loads［J］.Shock and vibration，2021，2021：1-13.

［242］ LI E B，GAO L，JIANG X Q，et al．Analysis of dynamic compression property and energy dissipation of salt rock under three-dimensional pressure［J］.Environmental earth sciences，2019，78（14）：1-13.

［243］ 毛勇建，李玉龙，史飞飞.用经典 Hopkinson 杆测试弹性模量的初步探讨［J］.固体力学学报，2009，30（2）：170-176.

［244］ 王梦想，汪海波，宗琦.冲击荷载作用下煤矿泥岩能量耗散试验研究［J］.煤炭学报，2019，44（6）：1716-1725.

［245］ LU F Y，LIN Y L，WANG X Y，et al．A theoretical analysis about the influence of interfacial friction in SHPB tests［J］.International journal of impact engineering，2015，79：95-101.

［246］JANKOWIAK T,RUSINEK A,LODYGOWSKI T.Validation of the Klepaczko-Malinowski model for friction correction and recommendations on Split Hopkinson Pressure Bar［J］.Finite elements in analysis and design,2011,47(10):1191-1208.

［247］赵转,李世强,刘志芳.冲击载荷下分层梯度泡沫材料中的应力波传播特性［J］.高压物理学报,2019,33(6):1-6.

［248］LIU X H,DAI F,ZHANG R,et al.Static and dynamic uniaxial compression tests on coal rock considering the bedding directivity［J］.Environmental earth sciences,2015,73(10):5933-5949.

［249］LI C W,WANG Q F,LYU P Y.Study on electromagnetic radiation and mechanical characteristics of coal during an SHPB test［J］.Journal of geophysics and engineering,2016,13(3):391-398.

［250］ZHAO T B,GUO W Y,TAN Y L,et al.Case studies of rock bursts under complicated geological conditions during multi-seam mining at a depth of 800 m［J］.Rock mechanics and rock engineering,2018,51(5):1539-1564.

［251］GUO W Y,ZHAO T B,TAN Y L,et al.Progressive mitigation method of rock bursts under complicated geological conditions［J］.International journal of rock mechanics and mining sciences,2017,96:11-22.

［252］王汉鹏,李术才,李为腾,等.深部厚煤层回采巷道围岩破坏机制及支护优化［J］.采矿与安全工程学报,2012,29(5):631-636.

［253］王兆会,杨敬虎,孟浩.大采高工作面过断层构造煤壁片帮机理及控制［J］.煤炭学报,2015,40(1):42-49.

［254］林韵梅.实验岩石力学:模拟研究［M］.北京:煤炭工业出版社,1984.

［255］屠世浩.岩层控制的实验方法与实测技术［M］.徐州:中国矿业大学出版社,2010.

［256］梁冰,石占山,孙维吉.采动过程中相似比变化影响因素分析及参数修正［J］.应用力学学报,2018,35(4):730-736.

［257］宫嘉辰,陈士海.隧道爆破力学模型相似材料配比的正交试验［J］.华侨大学学报(自然科学版),2020,41(2):164-170.

［258］吕祥锋,潘一山.刚柔耦合吸能支护煤岩巷道冲击破坏相似试验与数值计算对比分析［J］.岩土工程学报,2012,34(3):477-482.

［259］谢正正.深部巷道煤岩复合顶板厚层跨界锚固承载机制研究［D］.徐州:

中国矿业大学,2020.

[260] WU K,SHAO Z S,QIN S.A solution for squeezing deformation control in tunnels using foamed concrete:a review[J].Construction and building materials,2020,257:119539.

[261] 王盛川.采动动载诱导围岩变形破坏的模拟试验研究[D].徐州:中国矿业大学,2017.

[262] MCGARR A,SPOTTISWOODE S M,GAY N C,et al.Observations relevant to seismic driving stress,stress drop,and efficiency[J].Journal of geophysical research,1979,84(B5):2251-2261.

[263] 蔡武.断层型冲击矿压的动静载叠加诱发原理及其监测预警研究[D].徐州:中国矿业大学,2015.

[264] 郑赟.动静载组合作用下沿空留巷围岩变形机理与支护优化研究[D].北京:中国矿业大学(北京),2017.

[265] 肖同强,李怀珍,支光辉.深部厚顶煤巷道围岩稳定性相似模型试验研究[J].煤炭学报,2014,39(6):1016-1022.

[266] 李建忠.大比例巷道锚杆支护相似模拟试验研究[D].北京:煤炭科学研究总院,2016.

[267] 季顺迎,李鹏飞,陈晓东.冲击荷载下颗粒物质缓冲性能的试验研究[J].物理学报,2012,61(18):301-307.

[268] 徐连满,潘一山,李忠华,等.人工调控围岩防冲减振数值研究[J].煤炭学报,2014,39(5):829-835.

[269] 高明仕,贺永亮,陆菜平,等.巷道内强主动支护与弱结构卸压防冲协调机制[J].煤炭学报,2020,45(8):2749-2759.

[270] 王长达.固体中弹性波传播的偶应力效应[D].北京:北京科技大学,2017.

[271] REID S R,PENG C.Dynamic uniaxial crushing of wood[J].International journal of impact engineering,1997,19(5/6):531-570.

[272] PAPKA S D,KYRIAKIDES S.In-plane biaxial crushing of honey-combs:Part Ⅱ[J].International journal of solids and structures,1999,36(29):4397-4423.

[273] 叶楠.冲击载荷作用下夹层结构动态响应及失效模式研究[D].哈尔滨:哈尔滨工业大学,2017.

[274] 李世强.分层梯度多孔金属夹芯结构的冲击力学行为[D].太原:太原理

工大学,2015.

[275] 刘万荣,殷志强,袁安营,等.基于颗粒离散元法不同岩性巷道围岩声发射特性和能量演化规律研究[J].采矿与安全工程学报,2017,34(2):363-370.

[276] 蒋明镜,张望城,王剑锋.密实散粒体剪切破坏能量演化的离散元模拟[J].岩土力学,2013,34(2):551-558.

[277] 左建平,文金浩,胡顺银,等.深部煤矿巷道等强梁支护理论模型及模拟研究[J].煤炭学报,2018,43(S6):1-11.

[278] 王盛川.褶皱区顶板型冲击矿压"三场"监测原理及其应用[D].徐州:中国矿业大学,2021.

[279] 荣海,于世棋,张宏伟,等.基于煤岩动力系统能量的冲击地压矿井临界深度判别[J].煤炭学报,2021,46(4):1263-1270.

[280] 何江,窦林名,王崧玮,等.坚硬顶板诱发冲击矿压机理及类型研究[J].采矿与安全工程学报,2017,34(6):1122-1127.

[281] 冯龙飞,窦林名,王皓,等.综放大煤柱临空侧巷道密集区冲击地压机制研究[J].采矿与安全工程学报,2021,38(6):1100-1110.

[282] 齐庆新,潘一山,李海涛,等.煤矿深部开采煤岩动力灾害防控理论基础与关键技术[J].煤炭学报,2020,45(5):1567-1584.

[283] 王爱文,范德威,潘一山,等.基于能量计算的冲击地压巷道三级吸能支护参数确定[J].煤炭科学技术,2021,49(6):72-81.

[284] 康红普.煤炭开采与岩层控制的时间尺度分析[J].采矿与岩层控制工程学报,2021(1):1-23.

[285] HE Y L,GAO M S,DONG X,et al.Mechanism and procedure of repeated borehole drilling using wall protection and a soft structure to prevent rockburst:a case study[J].Shock and vibration,2021,2021:1-15.

[286] HE Y L,GAO M S,XU D,et al.Investigation of the evolution and control of fractures in surrounding rock under different pressure relief and support measures in mine roadways prone to rockburst events[J].Royal society open science,2021,8(3):202044.

[287] 吴拥政,付玉凯,郑建伟.锚杆杆体动态力学特性及应变率效应实验研究[J].煤炭学报,2020,45(11):3709-3716.

[288] 吴拥政,付玉凯,郝登云.加锚岩体侧向冲击载荷下动力响应规律研究[J].岩石力学与工程学报,2020,39(10):2014-2024.

［289］ HE J F,ZHAO Z Q,YIN Q L,et al.Design and optimisation on rapid rescue well-drilling technology with large-diameter pneumatic hammers[J]. International journal of mining,reclamation and environment,2020,34 (1):19-33.

［290］ SHU B,MA B S.The return of drilling fluid in large diameter horizontal directional drilling boreholes[J].Tunnelling and underground space technology,2016,52:1-11.

［291］ 王宏伟,张登强,姜耀东,等.巷道围岩破碎区分布特征及其影响因素的数值模拟[J].煤炭学报,2018,43(S2):377-384.

［292］ 徐连满,潘一山,曾祥华,等.巷道围岩破碎区吸能防冲性能研究[J].煤炭学报,2015,40(6):1376-1382.

［293］ 高明仕,闫高峰,杨青松,等.深度破坏软岩巷道修复的锚架组合承载壳原理及实践[J].采矿与安全工程学报,2011,28(3):365-369.

［294］ 高明仕,郭春生,李江锋,等.厚层松软复合顶板煤巷梯次支护力学原理及应用[J].中国矿业大学学报,2011,40(3):333-338.

［295］ DOU L M,MU Z L,LI Z L,et al.Research progress of monitoring, forecasting,and prevention of rockburst in underground coal mining in China[J].International journal of coal science and technology,2014,1 (3):278-288.

［296］ PYTEL W,SWITON J,WOJCIK A.The effect of mining face's direction on the observed seismic activity[J].International journal of coal science and technology,2016,3(3):322-329.

［297］ 王桂峰,窦林名,李振雷,等.支护防冲能力计算及微震反求支护参数可行性分析[J].岩石力学与工程学报,2015,34(S2):4125-4131.

［298］ 高明仕,窦林名,严如令,等.冲击煤层巷道锚网支护防冲机理及抗冲震级初算[J].采矿与安全工程学报,2009,26(4):402-406.